数学が育っていく物語／第5週

絵　村井宗二

数学が育っていく物語／第5週

方 程 式
解ける鎖，解けない鎖

志賀浩二著

岩波書店

読者へのメッセージ

　本書は，2年前に私が著わした『数学が生まれる物語』の続編として書かれたものです．『数学が生まれる物語』では，数の誕生からはじめて，2次方程式やグラフのことを述べ，さらに微積分のごく基本的な部分や，解析幾何に関係することにも触れました．それは全体としてみれば，十分とはいえないとしても，中学校から高等学校までの教育の中で取り扱われる数学を包括する物語でした．

　しかし，数学が本当に数学らしい深さと広がりをもって私たちの前に現われてくるのは，この『数学が生まれる物語』が終った場所からであるといってもよいでしょう．そこからこんどは『数学が育っていく物語』がはじまります．そこで新しく展開していく内容は，ふつうのいい方では，大学レベルの数学ということになるかもしれません．でも私は，大学での数学などという既成の枠組みは少しも念頭にありませんでした．

　私が本書を執筆するにあたって，最初に思い描いたのは，苗木から少しずつ育って大樹となっていく1本の木の姿でした．苗木の細い幹から小枝が出，小枝の先に葉がつき，季節の到来とともに，葉と葉の間から小さな花芽がふくらんできます．毎年，毎年同じようなことを繰り返しながら，木は確実に大きくなり，1本のたくましい木へと成長していきます．

　古代バビロニアにおける天体観測を通して，さまざまな数が粘土板上に記録されることになりましたが，それを数学の種子が土壌に最初にまかれたときであると考えるならば，それから現在まで4000年以上の歳月がたちました．また古代ギリシャ人の手によって，バビロニアとエジプトから数学の苗木がギリシャに移しかえられ，そこで大切に育てられたと考えても，それからすでに2500年の歴史が過ぎました．しかし，この歴史の過程の中で，数学がつねに同じ足取りで成長を続けてきたわけではありませんでした．数学が成長へ向けての大きなエネルギーを得たのは，17世紀後半からであり，その後多くのすぐれた数学者の努力により，数学は急速に発展してきました．そして科学諸分野への応用もあって，時代の文化の1つの表象とも考えられるような大きな姿を，現代数学は示すようになってきたのです．数学は大樹へと成長しました．

　本書でこの過程のすべてを描くことはもちろん不可能ですが，それでもその中

に見られる数学の育っていく姿だけは読者に伝えたいと思いました．しかしそれをどのように書いたらよいのか，執筆の構想はなかなか思い浮かびませんでした．そうしているとき，ふと，いつか庭木を掘り起こしたとき，木の根が土中深く，また細い糸のような根がはるか遠くまで延びているのに驚いたことを思い出しました．私がそのとき受けた感銘は，1本の木が育つということは，木全体が1つの総合体として育っていくことであり，土中深く根を張っていく力が，同時に花を咲かせる力にもなっているということでした．本書を著わす視点をそこにおくことにしようと，私は決めました．

　土の中で，根が少しずつ育っていく状況は，数学がその創造の過程で，暗い，まだ光の見えない所に手を延ばし，未知の真理を探し求めるさまによく似ています．私は数学のこの隠れた働きに眼を凝らし，意識を向けながら，そこからいかに多くの実りが，数学にもたらされたかを書こうと思いました．

　私は，読者が本書を通して，数学という学問は，1本の木が育つように，少しずつ確実に，そしていわば全力をつくして，歴史の中を歩んできたのだ，ということを読みとっていただければ有難いと思います．

　　1994年1月

志賀浩二

第5週のはじめに

　代数学は9世紀にアラビヤに生まれ，それが地中海貿易の波に乗るようにして12～13世紀にまずイタリーに入り，そこで発達し，やがて16世紀頃までにはヨーロッパ全体へと広がっていきました．この代数学の中心課題は方程式でした．オイラーが解析学の中に代数学の手法を積極的に取り入れようとしたときに，背景にあったのは，無限級数に対してもやはり方程式の考えを適用してみようということでした．代数方程式は複素数の中では必ず解をもつというガウスの定理を，"代数学の基本定理"とよぶのも，方程式こそが代数学の中心であったという事情を物語っています．

　しかし，いま皆さんが本屋の数学の書棚の前に立って見ても，方程式というタイトルのついた数学書を見出すことは本当にむずかしいことだろうと想像します．20世紀の100年間を通して，代数学は，方程式という大きな主題を表舞台から引き下げてしまったようにみえます．実際，中学校，高等学校で繰り返し習った2次方程式は，大学へ進んだ際，3次方程式，4次方程式の講義へとは接続されないのです．20世紀の代数学は，抽象代数学ともよばれる構成的な大きな理論体系を創造しました．その中のガロア理論とよばれるものの中に方程式の解法に関する部分は含まれていると考えられているのですが，その理論は厚い堅固な壁に囲まれているため，めったに人を寄せつけません．ですから一般の人から見ると，方程式論はどこへ消えてしまったのだろうということになります．

　ガロア理論という，方程式を見る高い統一的な視点が得られたことは，数学の確かに大きな実りだったのですが，その反面，方程式そのものに対して広い一般的な関心を失わせたことは否めない事実かもしれません．しかし，方程式はやはり数学の枢軸にあります．群とか体とかの抽象概念にすぐに眼を向けさせようとする流れだけではなくて，"方程式を解く"という基本的な問題意識を大切にする立場があってもよいように思います．数学の抽象概念はしだいに高められてきたとしても，私たちが数学に対してもっているごく素朴な意識がそれによって変えられてしまうということはなかったのです．誰でも，眼の前に方程式が与えられれば，それを解いてみたいという気持は動きます．それはからみ合った鎖を，解きほぐせるか，解きほぐせないのかと，いろいろと試みてみる感触とよく似て

います.

　今週はそのような私の考えから，あまり概念を投入しないで，方程式そのものからそれほど離れることなく話が進められるようなテーマを選んで，代数学の流れを述べてみることにしました．このような書き方が，方程式を楽しむという雰囲気をつくり出してくれればよいがと望んでいます．実際，代数学を誕生させ，はぐくんできたのは，そのような柔らかな空気でしたから，数学を育てるという本書の趣旨には合っているのではないかと思います．

目　次

読者へのメッセージ

第5週のはじめに

月曜日	解と係数の関係 ……………………………………	1
火曜日	3次方程式と4次方程式 …………………	25
水曜日	既約性と可約性 ………………………………	53
木曜日	5次方程式の代数的解法の不可能性 …	81
金曜日	置換群と方程式 ………………………………	107
土曜日	ガロア群 …………………………………………	137
日曜日	群というもの …………………………………	169
	問題の解答 ……………………………………	181
	索　引 ……………………………………………	187

月曜日

解と係数の関係

先生の話

先週は線形性を主題として話してきました．有限次元のベクトル空間と線形写像を取り扱っている限りでは，線形性も代数学の1テーマであると考えてよいのですが，無限次元の話になると，極限概念が入ってきて線形性の視線は解析学の方へと向けられてきます．線形性は代数と解析の2つの世界を横断して働くのですね．それにくらべると，今日からはじまる話は方程式がテーマですから，これは代数学の根幹に横たわっていることになります．

学校で習ってきた数学のことを思い出してみると，小学校の算数では1次方程式のレベルで解けるいろいろな応用問題を取り上げてきました．中学校では2次方程式を習いましたが，虚解をもつような一般の2次方程式については高等学校まで待たなければなりませんでした．学校で習う方程式はそこまででおしまいとなります．そのため，数学に興味のある人は，それより先の話，たとえば3次方程式はどうやって解くのだろうなどということを，どこかで聞いてみたいという気持が残ってしまいます．

3次方程式，4次方程式については明日話すことにします．しかし，数学という学問では，1つの理論体系の基盤として，できるだけ一般的な定式化を望みますから，当然一般のn次方程式を方程式論のテーマとするわけです．n次方程式に対する一般論が可能となったのは，第2週で述べたように，ガウスによって代数学の基本定理が確立し，n次方程式は複素数の中には必ずn個の解をもつことがわかったからです．このn個の解を，与えられた方程式からどのようにして求めるか，また本当に求めることができるのかどうかということは，方程式論の大きな問題です．またこのn個の解は，もとの方程式とどのような関係になっているかということを調べることも問題となります．2次方程式$x^2-3=0$は，有理数の範囲では解はなく，因数分解できませんが，$\sqrt{3}$を含むところまで数の範囲を拡大しておくと，そこでは$(x-\sqrt{3})(x+\sqrt{3})=0$と因

数分解できて解がみつかります．この例でもわかるように，個々の n 次方程式に対してその n 個の解がひそんでいる数の範囲を特定することも大切なことになります．一般論では取り扱えない特別な形の方程式を詳しく調べるという研究の方向もあります．

　今日は代数学の基本定理から導かれる解と係数の関係と，それに関係することに向けて話を進めていくことにしましょう．

1次方程式と2次方程式

　ある数 x が
$$8x+3+2x = 5-6x, \quad x-100 = 3x+2-7x, \quad 6x = 7-8\times 2$$
のようにある1次式とある1次式（または定数）が等しいという関係を成り立たせるものとして，隠された形で与えられているとき，この x を規定する関係式を未知数 x についての1次の**関係式**という．そしてこの関係式をみたす数を**解**という．算術で現われる問題は，適当に未知数 x をとると，このような関係式として定式化されることが多い．

　ここで例として挙げた上の3つの関係式は，右辺を左辺に移項して整理してみると，それぞれ
$$16x-2 = 0, \quad 5x-102 = 0, \quad 6x+9 = 0$$
となる．しかし，たとえば $2x+1+3x=5x-4$ のような関係式では，これを移項して整理した結果が $0x=5$ となって，x の係数が 0 となる．このような場合には $0x=5$ をみたす x は存在しない．もっと極端に，関係式を整理した結果が $0x=0$ となってしまうこともある．このときは x としてどんな数をとってみても，この関係式は成り立ち，したがってすべての数が解ということになる．

　私たちはこのような x の係数が 0 となる例外的な場合は除外することにして，移項して整理した結果が
$$ax+b = 0 \quad (a \neq 0)$$
となる場合だけを考えることにして，以下ではこの形の関係式を**1次方程式**ということにする．この方程式の解は

$$ax = -b$$

の両辺を a で割って

$$x = -\frac{b}{a}$$

で与えられる．

次に2次方程式のことを述べよう．未知数 x に関する2つの整式を等号で結ぶことにより得られた関係式を，移項し整理した結果が

$$ax^2 + bx + c = 0 \quad (a \neq 0) \qquad (1)$$

となるとき，この関係式を未知数 x についての**2次方程式**という．2次方程式というときには(1)のような形か，または両辺を a で割った

$$x^2 + Ax + B = 0$$

$\left(A = \dfrac{b}{a}, B = \dfrac{c}{a}\right)$ のような形を標準的なものとして考えることにする．

2次方程式(1)の解を求めるには次のようにする．まず(1)の左辺を変形して

$$a\left(x + \frac{b}{2a}\right)^2 - \frac{b^2 - 4ac}{4a} = 0$$

とする．この式を移項すると

$$a\left(x + \frac{b}{2a}\right)^2 = \frac{b^2 - 4ac}{4a}$$

となるから，両辺のルートをとって

$$x + \frac{b}{2a} = \pm \frac{\sqrt{b^2 - 4ac}}{2a}$$

が得られる(ここで $a > 0$ のときは $\sqrt{4a^2} = 2a$，$a < 0$ のときは $\sqrt{4a^2} = -2a$ を使っているが，ここでの符号の違いは，右辺の $\pm$ の中に吸収されて，見かけ上区別されない形となっている)．したがって"解の公式"

$$x = -\frac{b}{2a} \pm \frac{\sqrt{b^2 - 4ac}}{2a}$$

$$= \frac{-b \pm \sqrt{b^2-4ac}}{2a} \qquad (2)$$

が求められた.

n 次方程式

　一般に未知数 x が，適当な自然数 n をとると
$$A_0 x^n + A_1 x^{n-1} + \cdots + A_{n-1} x + A_n = 0 \quad (A_0 \neq 0) \qquad (3)$$
という関係式をみたすとき，これを x に関する **n 次の代数方程式**，あるいは簡単に **n 次方程式**という．係数 $A_0, A_1, \cdots, A_n$ については，一般には複素数とするのだが，このことについてはすぐあとで述べることにする．$A_0 \neq 0$ だから (3) の両辺を A_0 で割って $\frac{A_i}{A_0} = a_i$ ($i = 1, 2, \cdots, n$) とおくと，(3) の代りに x^n の係数が 1 となっている方程式
$$x^n + a_1 x^{n-1} + a_2 x^{n-2} + \cdots + a_{n-1} x + a_n = 0 \qquad (4)$$
を考えても同じことである．

　もちろん (3) も (4) も n 次の方程式の標準的な表わし方を示しているにすぎないのである．たとえば未知数 x に関する関係が
$$5x^4 - 7x^3 + x - 1 = x^3 + 10x^2 + 1$$
で与えられているとき，これも x の 4 次方程式である．実際，移項して (3)，または (4) の形に直すと
$$5x^4 - 8x^3 - 10x^2 + x - 2 = 0$$
または
$$x^4 - \frac{8}{5} x^3 - 2x^2 + \frac{1}{5} x - \frac{2}{5} = 0$$
となる．

代数学の基本定理

　第 2 週日曜日に述べたように，方程式の解の存在については "代数学の基本定理" が成り立つ．それを再記すると次のようになる．

> **代数学の基本定理** 複素数を係数とする n 次の代数方程式
> $$x^n+a_1x^{n-1}+a_2x^{n-2}+\cdots+a_{n-1}x+a_n=0$$
> は，複素数の中に n 個の解 $\alpha_1,\alpha_2,\cdots,\alpha_n$ をもつ．この解によって左辺の整式は
> $$x^n+a_1x^{n-1}+\cdots+a_{n-1}x+a_n=(x-\alpha_1)(x-\alpha_2)\cdots(x-\alpha_n)$$
> と因数分解される．

$\alpha_1,\alpha_2,\cdots,\alpha_n$ の中には等しいものがあることがある．相異なるものだけを取り出して，それを $\beta_1,\beta_2,\cdots,\beta_s$ とすると
$$x^n+a_1x^{n-1}+\cdots+a_{n-1}x+a_n=(x-\beta_1)^{m_1}(x-\beta_2)^{m_2}\cdots(x-\beta_s)^{m_s}$$
$$(m_1+m_2+\cdots+m_s=n)$$
と因数分解される．$m_i>1$ のとき，β_i を**重解**という．そして m_i を β_i の**重複度**という．

♣ ここでは方程式の解といっているが，20年ほど前までは方程式の根(こん)という言い方が定着していた．その言い方では重解は重根という．根は英語の root の訳である．英語の本を見ると root と書いてあるのだから，数学者には根という言い方の方がむしろなじみ深いのである．

　この代数学の基本定理によって確定した1つの視点は，私たちが一般的な立場で方程式を取り扱うとき，考える数の範囲としては，複素数まで広げておくほうがよいということである．実際そこでは，具体的に求める方法があるかどうかは別として，n 次の方程式は必ず n 個の解をもっているのである．

　このように方程式論の背景に複素数の世界をおくことにすると，当然，(2)とか(3)の係数も複素数の範囲で考えることになる．すなわち，**方程式というときには，複素係数をもつ方程式を考える**ことになる．たとえば2次方程式といっても
$$x^2-(7+9i)x+(-8+27i)=0 \qquad (5)$$
のようなものも考えることになるのである．このような2次方程式が現実に何かの応用問題として現われることがあるかどうかということは，もちろん別のことである．まず，このような2次方程式に

対しても解の公式は成り立つことを注意しておこう．なぜかというと，解の公式を導くのは式の変形によったのであり，そこで用いた四則演算の規則は，実数でも複素数でも同じように成り立つからである．ただルートをとるところが少し注意を必要とするかもしれない．

念のため(5)を解の公式(2)にしたがって解いてみよう．この場合(2)で
$$b^2-4ac = (7+9i)^2-4(-8+27i) = 18i$$
である．第2週水曜日を参照すると，$z^2=i$ となる z は，ガウス平面の単位円周上に2つあって，それは図で α, β で示してある：
$$\alpha = \frac{\sqrt{2}}{2}+\frac{\sqrt{2}}{2}i, \quad \beta = -\alpha = -\frac{\sqrt{2}}{2}-\frac{\sqrt{2}}{2}i$$

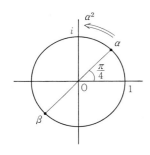

したがって解の公式によって，(5)の解 x は
$$x = \frac{7+9i \pm \sqrt{18}\left(\frac{\sqrt{2}}{2}+\frac{\sqrt{2}}{2}i\right)}{2}$$
$$= \frac{7+9i \pm 3(1+i)}{2} \quad (\sqrt{18}=3\sqrt{2} \text{ に注意})$$
$$= \begin{cases} 5+6i \\ 2+3i \end{cases}$$
となる．

解と係数の関係

代数学の基本定理により，複素数の範囲で n 次の整式は必ず
$$x^n+a_1x^{n-1}+a_2x^{n-2}+\cdots+a_n = (x-\alpha_1)(x-\alpha_2)\cdots(x-\alpha_n) \quad (6)$$
と1次式の積として表わすことができる．

たとえば3次式の場合は
$$x^3+ax^2+bx+c = (x-\alpha)(x-\beta)(x-\gamma)$$
となる．α, β, γ は3次方程式 $x^3+ax^2+bx+c=0$ の解となっている．この右辺を展開すると
$$x^3-(\alpha+\beta+\gamma)x^2+(\alpha\beta+\alpha\gamma+\beta\gamma)x-\alpha\beta\gamma = 0$$

となる．これを左辺と見くらべて係数を等しいとおくと，3次方程式に対する解と係数の関係
$$a = -(\alpha+\beta+\gamma)$$
$$b = \alpha\beta+\alpha\gamma+\beta\gamma$$
$$c = -\alpha\beta\gamma$$
が成り立つことがわかる．

♣ ここで一般に 2 つの n 次式 $x^n+a_1x^{n-1}+\cdots+a_n$ と $x^n+b_1x^{n-1}+\cdots+b_n$ とがすべての x に対して等しい値をとるときには(実際は相異なる n 個の値で等しい値をとるときにはとして十分であるが)，$a_1=b_1,\cdots,a_n=b_n$ が成り立つということを用いている．このことは 2 つの整式を引いて $(a_1-b_1)x^{n-1}+\cdots+(a_n-b_n)=0$ という方程式を考えると，この方程式をみたす x は多くとも $n-1$ 個しかないことからわかる．

同じように(6)の右辺を展開して，左辺と見くらべて係数を等しいとおくことにより，n 次方程式に対する解と係数の関係を導くことができる．すなわち(6)の右辺を展開すると

$$x^n-(\alpha_1+\alpha_2+\cdots+\alpha_n)x^{n-1}+(\alpha_1\alpha_2+\alpha_1\alpha_3+\cdots+\alpha_{n-1}\alpha_n)x^{n-2}$$
$$-(\alpha_1\alpha_2\alpha_3+\cdots+\alpha_{n-2}\alpha_{n-1}\alpha_n)x^{n-3}+\cdots+(-1)^n\alpha_1\alpha_2\cdots\alpha_n$$

となることに注意すると次の定理が得られる．

定理(解と係数の関係)　n 次方程式
$$x^n+a_1x^{n-1}+a_2x^{n-2}+\cdots+a_n = 0$$
の解を $\alpha_1,\alpha_2,\cdots,\alpha_n$ とすると次の関係式が成り立つ．
$$a_1 = -\sum_{i=1}^n \alpha_i,\ a_2 = \sum_{i<j}\alpha_i\alpha_j,\ a_3 = -\sum_{i<j<k}\alpha_i\alpha_j\alpha_k,\cdots,$$
$$a_n = (-1)^n\alpha_1\alpha_2\cdots\alpha_n \tag{7}$$

一般に s 番目の係数 a_s は，$\alpha_1,\alpha_2,\cdots,\alpha_n$ の中から s 個をとってかけ合わせた $\alpha_{i_1}\alpha_{i_2}\cdots\alpha_{i_s}\ (i_1<i_2<\cdots<i_s)$ をすべて加えて，それに $(-1)^s$ をかけたものとなっている．

2 次方程式に対する解と係数の関係はもっともよく知られているものだろう．このときは解と係数の関係は，$x^2+ax+b=0$ の解を

α, β とすると

$$a = -(\alpha+\beta), \quad b = \alpha\beta$$

で与えられる．この場合，この関係から

$$(\alpha-\beta)^2 = (\alpha+\beta)^2 - 4\alpha\beta = a^2 - 4b$$

したがって

$$\alpha - \beta = \pm\sqrt{a^2-4b}$$

となることがわかる．$\alpha+\beta=-a$ の式とあわせて，これからすぐに α, β が求められる．（たとえば，$\alpha-\beta$ と $\alpha+\beta$ を足して 2 で割ると α が得られる）．この結果はもちろん解の公式(2)と一致している．

文字の置換と対称式

この解と係数の関係(7)の右辺に現われた式で符号を除くと

$$\sum_{i=1}^{n} \alpha_i, \quad \sum_{i<j} \alpha_i \alpha_j, \quad \sum_{i<j<k} \alpha_i \alpha_j \alpha_k, \quad \cdots, \quad \alpha_1 \alpha_2 \cdots \alpha_n$$

となるが，これらの式は，$\alpha_1, \alpha_2, \cdots, \alpha_n$ の順序をどのようにとりかえてみても，式の形は変わらない．なぜなら $\alpha_1, \alpha_2, \cdots, \alpha_n$ をとりかえることは，(6)の右辺の因数の順序をとりかえるにすぎないからである．この $\alpha_1, \alpha_2, \cdots, \alpha_n$ に関する"対称性"という特徴的な性質を，もう少しはっきりした形で取り出して述べてみたい．

そのため，式の形そのものに注目するため，(7)の中でとった $\alpha_1, \alpha_2, \cdots, \alpha_n$ の代りに，文字 $x_1, x_2, \cdots, x_n$ を用いることにしよう．そして n 個の文字 $x_1, x_2, \cdots, x_n$ に関する n 個の整式

$$\sum_{i=1}^{n} x_i, \quad \sum_{i<j} x_i x_j, \quad \sum_{i<j<k} x_i x_j x_k, \quad \cdots, \quad x_1 x_2 \cdots x_n \qquad (8)$$

を考えることにする．

♣ "文字"というのは英語の indeterminate に相当する言葉として使われているようである．英語の方は"はっきりと決まっていない量"というような意味で使われたのだろう．訳語に窮する例となっている．

たとえば 3 つの文字 x_1, x_2, x_3 については，(8)は

$$x_1+x_2+x_3, \quad x_1x_2+x_1x_3+x_2x_3, \quad x_1x_2x_3 \qquad (9)$$

を考えることになる．いま対比するため，x_1, x_2, x_3 に関する2つの整式

$$x_1-x_2-x_3, \quad 2x_1{}^3x_3{}^2+5x_2 \qquad (10)$$

をとっておこう．そこで x_1, x_2, x_3 で x_1 と x_2 をとりかえてみる．このとき(9)の式は

$$x_2+x_1+x_3, \quad x_2x_1+x_2x_3+x_1x_3, \quad x_2x_1x_3$$

となるが，これは(9)の各式で単に項の順序とかけ算の順序をとりかえただけのものだから，実質的には(9)の式を何も変えてはいない．一方(10)の方の式は，x_1 と x_2 のとりかえで

$$x_2-x_1-x_3, \quad 2x_2{}^3x_3{}^2+5x_1$$

となり，違った式となってしまう．

3個の数字 $\{1,2,3\}$ の順序をとりかえることを**置換**といい，上のように $1\to 2, 2\to 1$ ととりかえることを記号で

$$\begin{pmatrix} 1 & 2 & 3 \\ 2 & 1 & 3 \end{pmatrix}$$

と書く．下の方の列に並びかえた数字が並んでいる．$\{1,2,3\}$ の置換は全部で6個あり，それらはこの記号では

$$\begin{pmatrix} 1 & 2 & 3 \\ 1 & 2 & 3 \end{pmatrix} \quad \begin{pmatrix} 1 & 2 & 3 \\ 2 & 1 & 3 \end{pmatrix} \quad \begin{pmatrix} 1 & 2 & 3 \\ 1 & 3 & 2 \end{pmatrix}$$

$$\begin{pmatrix} 1 & 2 & 3 \\ 3 & 2 & 1 \end{pmatrix} \quad \begin{pmatrix} 1 & 2 & 3 \\ 2 & 3 & 1 \end{pmatrix} \quad \begin{pmatrix} 1 & 2 & 3 \\ 3 & 1 & 2 \end{pmatrix}$$

と表わされる．ここでたとえば置換

$$\begin{pmatrix} 1 & 2 & 3 \\ 3 & 1 & 2 \end{pmatrix}$$

に対応して，文字の間の置換

$$x_1 \to x_3, \quad x_2 \to x_1, \quad x_3 \to x_2$$

がひき起こされると考える．この置換によっても実質的には(9)の式は変わらないが，(10)の式はそれぞれ

$$x_3-x_1-x_2, \quad 2x_3{}^3x_2{}^2+5x_1$$

と変わってしまう．この意味で(9)の式は非常に特徴的な性質をも

つ整式であるといってよい．このような特徴的な性質をもった式は，もちろん(9)だけではなくて，たとえば $x_1{}^5+x_2{}^5+x_3{}^5$ や $x_1{}^2x_2+x_1x_2{}^2+x_2{}^2x_3+x_2x_3{}^2+x_3{}^2x_1+x_3x_1{}^2$ なども同じ性質をもっている．

　(8)の式にもどって一般に述べると，(8)の式のそれぞれは文字の置換 $x_1\to x_{i_1},\ x_2\to x_{i_2},\ \cdots,\ x_n\to x_{i_n}$ によって変わらない式となっている．ここでも $\{1,2,\cdots,n\}$ に対する置換の記号

$$\begin{pmatrix} 1 & 2 & \cdots & n \\ i_1 & i_2 & \cdots & i_n \end{pmatrix}$$

を導入しておくと，このような置換に対応する文字 $x_1, x_2, \cdots, x_n$ の置換によって，(8)の式は不変性を示しているといってよい．

　この性質に注目して，一般に対称式の定義を与えたい．そのためまず n 個の文字 $x_1, x_2, \cdots, x_n$ に関する整式の定義をきちんと述べておこう．単項式 $a_{k_1k_2\cdots k_n}x_1{}^{k_1}x_2{}^{k_2}\cdots x_n{}^{k_n}$ （$a_{k_1k_2\cdots k_n}$ は複素数，$k_1, k_2, \cdots, k_n$ は $0, 1, 2, \cdots$ の値をとる）の有限和として表わされる式を，$x_1, x_2, \cdots, x_n$ に関する**整式**，または**多項式**という．また $\{1, 2, \cdots, n\}$ の置換

$$\tau = \begin{pmatrix} 1 & 2 & 3 & \cdots & n \\ i_1 & i_2 & i_3 & \cdots & i_n \end{pmatrix}$$

に対し，$\tau(1)=i_1, \tau(2)=i_2, \tau(3)=i_3, \cdots, \tau(n)=i_n$ と表わすことにする．そこで次の定義をおく．

> **定義**　n 個の文字 $x_1, x_2, \cdots, x_n$ についての整式 $P(x_1, x_2, \cdots, x_n)$ が $\{1, 2, \cdots, n\}$ のどのような置換 τ に対しても
> $$P(x_{\tau(1)}, x_{\tau(2)}, \cdots, x_{\tau(n)}) = P(x_1, x_2, \cdots, x_n)$$
> が成り立つとき，$P(x_1, x_2, \cdots, x_n)$ を**対称式**という．とくに(8)の n 個の対称式を**基本対称式**という．

　明らかに，$P(x_1, x_2, \cdots, x_n), Q(x_1, x_2, \cdots, x_n)$ が対称式ならば和 $P+Q$，差 $P-Q$，積 PQ もまた対称式となっている．

対称式の基本定理

2つの文字 x_1, x_2 につき $x_1^3+x_2^3$ は対称式である．
$$x_1^3+x_2^3 = (x_1+x_2)^3-3(x_1+x_2)x_1x_2$$
と表わされるから，x_1, x_2 に関する基本対称式を $\sigma_1=x_1+x_2$, $\sigma_2=x_1x_2$ とおくと
$$x_1^3+x_2^3 = \sigma_1^3-3\sigma_1\sigma_2$$
となって，$x_1^3+x_2^3$ は，σ_1 と σ_2 の整式として表わされる．

4つの文字 x_1, x_2, x_3, x_4 について
$$\begin{aligned}P(x_1,x_2,x_3,x_4) = {} & x_1^3x_2+x_1^3x_3+x_1^3x_4+x_2^3x_1+x_2^3x_3+x_2^3x_4 \\ & +x_3^3x_1+x_3^3x_2+x_3^3x_4+x_4^3x_1+x_4^3x_2+x_4^3x_3\end{aligned}$$
(11)

は対称式である．このときも x_1, x_2, x_3, x_4 に関する基本対称式を
$$\sigma_1 = \sum_{i=1}^{4} x_i, \quad \sigma_2 = \sum_{i<j} x_ix_j, \quad \sigma_3 = \sum_{i<j<k} x_ix_jx_k, \quad \sigma_4 = x_1x_2x_3x_4$$
とおくと，少し計算を必要とするが
$$\begin{aligned}P(x_1,x_2,x_3,x_4) &= (\sigma_1^2-2\sigma_2)\sigma_2-(\sigma_1\sigma_3-4\sigma_4) \\ &= \sigma_1^2\sigma_2-2\sigma_2^2-\sigma_1\sigma_3+4\sigma_4\end{aligned}$$
となって，やはり $\sigma_1, \sigma_2, \sigma_3, \sigma_4$ の整式として書き表わされる．

対称式(11)を簡単に表わすために
$$\sum x_1^3x_2$$
のような書き方をする．対称式だから $x_1^3x_2$ の項があると，必然的に $x_i^3x_j (i \neq j)$ の項が現われることがわかるから，文字の個数さえ確定していればこの表わし方で十分なのである．同じように，たとえば3個の文字 x_1, x_2, x_3 についての対称式
$$\sum x_1^3 + 3\sum x_1x_2^2$$
といえば，これは対称式
$$x_1^3+x_2^3+x_3^3+3(x_1x_2^2+x_2x_1^2+x_1x_3^2+x_3x_1^2+x_2x_3^2+x_3x_2^2)$$
を表わしている．

対称式に対してこのような表わし方を用いることにすると，n 個

の文字 $x_1, x_2, \cdots, x_n$ に関する基本対称式 $\sigma_1, \sigma_2, \cdots, \sigma_n$ は
$\sigma_1 = \sum x_1$, $\sigma_2 = \sum x_1 x_2$, $\cdots$, $\sigma_k = \sum x_1 x_2 \cdots x_k$, $\cdots$, $\sigma_n = x_1 x_2 \cdots x_n$
と表わされる.

 実はどんな対称式も基本対称式 $\sigma_1, \sigma_2, \cdots, \sigma_n$ に関する整式として表わされるのである.すなわち次の定理が成り立つ.

> **定理** $x_1, x_2, \cdots, x_n$ についての対称式 $P(x_1, x_2, \cdots, x_n)$ は,基本対称式 $\sigma_1, \sigma_2, \cdots, \sigma_n$ に関する整式として
> $$P(x_1, x_2, \cdots, x_n) = Q(\sigma_1, \sigma_2, \cdots, \sigma_n)$$
> と表わすことができる.

 これを**対称式の基本定理**という.

 [証明] 一般に対称式の中に現われる各項に注目し,そこに辞書式の順序を入れることにする.すなわち2つの項
$$X = A x_1^{k_1} x_2^{k_2} \cdots x_n^{k_n}, \quad Y = B x_1^{h_1} x_2^{h_2} \cdots x_n^{h_n} \quad (A, B \text{ は係数})$$
で,それぞれのベキ指数 $(k_1, k_2, \cdots, k_n), (h_1, h_2, \cdots, h_n)$ に注目して,k_i と h_i の大小関係に注目して辞書式順序を入れるのである.すなわち

$X > Y \iff k_1 > h_1$ か,$k_1 = h_1$ で $k_2 > h_2$ か,$\cdots$,
 あるsで $k_1 = h_1$, $k_2 = h_2$, $\cdots$, $k_{s-1} = h_{s-1}$, $k_s > h_s$

とするのである.(辞書を引くときは,頭の方の字から順に語の配列場所を見定めて引いていく!) このような辞書式順序の特徴は,どの2つの項をとっても,どちらが大きいか小さいかが決まることである.

 たとえば
$$X = x_1^3 x_2^6 x_3^5 x_4 \cdots x_n^5 \quad \text{と} \quad Y = x_1^3 x_2^6 x_3^2 x_4^8 \cdots x_n^{10}$$
の場合には,x_1, x_2 のベキ指数は X と Y は等しいから,x_3 のベキ指数——X は5,Y は2——で比較して $X > Y$ となる.

 辞書式順序だから,考えている対称式 $P(x_1, x_2, \cdots, x_n)$ の中に現われるすべての項に大小関係がつくが,この順序関係を用いて帰納的に定理を証明していくことにする.そのためまず最高位の項に注目して,それを

$$Ax_1{}^{k_1}x_2{}^{k_2}\cdots x_n{}^{k_n} \tag{12}$$

としよう．このとき必ず

$$k_1 \geqq k_2 \geqq \cdots \geqq k_n$$

が成り立っていることを注意しよう．このことは P は対称式だから，前の表わし方では P は必ず $A\sum x_1{}^{k_1}x_2{}^{k_2}\cdots x_n{}^{k_n}$ という式を含んでおり，ここで $k_1 \geqq k_2 \geqq \cdots \geqq k_n$ ととったものが，この形の式の中で順位が一番先になっていることからわかる．

このとき

$$\begin{aligned} Q_1(\sigma_1, \sigma_2, \cdots, \sigma_n) &= A\sigma_1{}^{k_1-k_2}\sigma_2{}^{k_2-k_3}\cdots \sigma_n{}^{k_n} \\ &= A(\sum x_1)^{k_1-k_2}(\sum x_1 x_2)^{k_2-k_3}\cdots (x_1 x_2 \cdots x_n)^{k_n} \end{aligned}$$

とおくと，この $x_1, x_2, \cdots, x_n$ に関する対称式の最高位の項はちょうど(12)となっている．したがって

$$P(x_1, x_2, \cdots, x_n) - Q_1(\sigma_1, \sigma_2, \cdots, \sigma_n)$$

は，$x_1, x_2, \cdots, x_n$ の対称式とみるとき，ここに現われる最高位の項は，(12)の項よりも低位となる．このことは

$$P(x_1, x_2, \cdots, x_n) > P(x_1, x_2, \cdots, x_n) - Q_1(\sigma_1, \sigma_2, \cdots, \sigma_n)$$

と表わした方がわかりやすいだろう．

次に対称式 $P(x_1, \cdots, x_n) - Q_1(\sigma_1, \cdots, \sigma_n)$ の最高位の項に注目して，いまと同様に考えると，$Q_2(\sigma_1, \cdots, \sigma_n)$ が存在して

$$\begin{aligned} &P(x_1, \cdots, x_n) - Q_1(\sigma_1, \cdots, \sigma_n) \\ &\quad > P(x_1, \cdots, x_n) - Q_1(\sigma_1, \cdots, \sigma_n) - Q_2(\sigma_1, \cdots, \sigma_n) \end{aligned}$$

となることがわかる．

このようにして順次最高位の項を小さくしていく操作を繰り返していくと，少なくともワン・ステップごとに(12)に現われたベキ指数は1つは減少していくのだから，最終的には

$$P(x_1, \cdots, x_n) = Q_1(\sigma_1, \cdots, \sigma_n) + Q_2(\sigma_1, \cdots, \sigma_n) + \cdots + Q_l(\sigma_1, \cdots, \sigma_n)$$

の形となる．この右辺をまとめて $Q(\sigma_1, \sigma_2, \cdots, \sigma_n)$ とおくと，これで定理が証明された． (証明終り)

この対称式の基本定理は，解と係数の関係にもどっていい直してみると次のようになる．

> n 次方程式 $x^n+a_1x^{n-1}+\cdots+a_n=0$ の解を $\alpha_1,\alpha_2,\cdots,\alpha_n$ とする．このとき $\alpha_1,\alpha_2,\cdots,\alpha_n$ の整式 $P(\alpha_1,\alpha_2,\cdots,\alpha_n)$ で解の置換で不変なものは，必ず係数 $a_1,a_2,\cdots,a_n$ の整式として表わすことができる．

判別式

方程式論では，解 $\alpha_1,\alpha_2,\cdots,\alpha_n$ の対称式の中でとくに次の判別式が重要である．

> **定義** n 次方程式 $x^n+a_1x^{n-1}+\cdots+a_n=0$ の解を $\alpha_1,\alpha_2,\cdots,\alpha_n$ とするとき
> $$\begin{aligned}\Delta = &(\alpha_1-\alpha_2)^2(\alpha_1-\alpha_3)^2(\alpha_1-\alpha_4)^2\cdots(\alpha_1-\alpha_n)^2\\&\times(\alpha_2-\alpha_3)^2(\alpha_2-\alpha_4)^2\cdots(\alpha_2-\alpha_n)^2\\&\times(\alpha_3-\alpha_4)^2\cdots(\alpha_3-\alpha_n)^2\\&\cdots\cdots\\&\times(\alpha_{n-1}-\alpha_n)^2\end{aligned}$$
> を，この方程式の**判別式**という．

判別式はかけ算を表わす記号 Π を用いると，$\prod_{i<j}(\alpha_i-\alpha_j)^2$ と表わされる．また $(\alpha_i-\alpha_j)^2=-(\alpha_i-\alpha_j)(\alpha_j-\alpha_i)$ と書き直して，i と j について対称にして

$$\Delta = (-1)^{\frac{n(n-1)}{2}}\prod_{i\neq j}(\alpha_i-\alpha_j)$$

と表わすこともできる．この表わし方から Δ が，$\alpha_1,\alpha_2,\cdots,\alpha_n$ について対称式であることがわかる．

$\Delta=0$ となるのは，Δ の因数の中の少なくとも 1 つが 0，すなわち $\alpha_i=\alpha_j$ $(i\neq j)$ となる α_i,α_j が存在するときである．すなわち

> **定理** 方程式が重解をもつための必要十分条件は，$\Delta=0$ である．

判別式は $\alpha_1, \alpha_2, \cdots, \alpha_n$ について対称式だから，方程式の係数によって表わすことができる．2次方程式，3次方程式，4次方程式のときに，判別式を係数で表わした式を書いておこう．（3次方程式，4次方程式の判別式を直接求めることは容易でない．これについては火曜日にもう一度述べる．）

2次方程式：$x^2 + ax + b = 0$
$$\varDelta = a^2 - 4b$$

3次方程式：$x^3 + ax^2 + bx + c = 0$
$$\varDelta = 18abc - 4a^3c + a^2b^2 - 4b^3 - 27c^2$$

4次方程式：$x^4 + ax^2 + bx + c = 0$（x^3 の項のない形にしておく．どんな4次方程式もこの形にすることができる（火曜日参照））．
$$\varDelta = 16a^4c - 4a^3b^2 - 128a^2c^2 + 144ab^2c - 27b^4 + 256c^3$$

歴史の潮騒

代数学の発展の歴史は，数と四則演算，その中からごく自然に生まれてきた未知数を求める方程式の考えの中から育ってきたものであり，それは遠い古代までさかのぼることができる．メソポタミヤから発掘された多量の粘土板に書き記された文書から，すでに紀元前2000年頃には，バビロニア人（シュメール人とアッカド人）たちは，十分に進んだ数概念をもち，実証的に方程式を解くようなかなり高度な"算術的な"方法を知っていたと考えられるようになった．

バビロニアは古代交易の中心にあり，そのため商業活動が盛んであったが，同時にまた農耕文化を支える暦の作成のため天文学も興り，それが数表記の必要性を促進させたのだろう．記数法としては，一部では10進法，一部では60進法を併用していた．60進法を用いたことは，よく現われる $\dfrac{1}{2^a 3^b 5^c}$ の形の分数が有限小数で表わされるということによったのではないかとも推測されている．バビロニア人たちの最大の発見は，現代の数表記のように，少ない文字（数字）で大きな数も，小さい数も表わせるということを見出したことであり，たとえば 17.35 : 6, 1, 43 によって $17 \times 60 + 35 + 6 \times \dfrac{1}{60} + 1$

$\times\frac{1}{60^2}+43\times\frac{1}{60^3}$ を表わすようなことをしていた．60進法による $\frac{1}{n}$ の表ももっていた．$\frac{1}{7}$ や $\frac{1}{11}$ が有限小数で表わせないことや，年代を重ねるにつれて詳しくなっていく表や方程式の計算の中から，必ずしも知っている数の2乗としては表わすことのできない分数があることを知り，近似式 $(a^2+b^2)^{\frac{1}{2}}=a+\frac{b^2}{2a}$ を用いるところまで進んでいた．0の発見はヒンズーに帰せられているが，バビロニアの方が最初ではなかったかということについては，なお議論の余地が残されているようである．実際，末期バビロニア文書の中には0が現われている．

　バビロニア人たちは，驚くほどの計算能力をもっていた．実証的に2次方程式や，3次方程式さえ解くことができた．実証的とは次のような方法である．バビロニア人は $x^3+px^2+q=0$ を，$y=\frac{x}{p}$, $r=-\frac{q}{p^3}$ として，正規形 $y^3+y^2=r$ に直し，次に n^3+n^2 の表の中から y を探し求め，最後に x を求めるという方法である．

　バビロニア人たちは代数記号をもたなかったが，そこで行なわれた計算は代数的なものであった．ただ，彼らが，"論証し"，"証明する"ということを行なったしるしは見つかっていない．あくまでも上のような意味で実証的なものであったようである．

　この古代バビロンの栄光もその文化も，紀元前15世紀のヒッタイトの侵攻，その後のアッシリアの支配の中で急速に衰退し，やがて廃墟と化していった．

　紀元前5,6世紀頃の古代ギリシャにはバビロニアの数学の影響は多少は及んでいたのではないかと考えられているが，紀元前4世紀頃から急速に発展したギリシャ数学の中では，バビロニアの数学がなお光を投げかけるということはなかったのである．バビロニアの記数法と代数はギリシャには継承されなかった．かわってギリシャでは，論証と幾何学が数学という学問を育てる土壌となった．

　古代数学の流れのこの断絶について，ベルは『数学の発展』の中で次のように述べている．

　"歴史的に見て，数概念を征服したこの急速な進歩が，紀元前6世紀のギリシャ人たちにほとんど完全に無視されたとみえることは，

まことに注目すべきことである．現在のわれわれから見ると，もっとも簡明な，もっとも自然なその後の数学の発展にとっては，これは禍であったといってもよいだろう．このようなことが生じたことは，よくいわれている古代ギリシャ人の高い知性について多少疑いの影を投げかけさせるものがある."

　ギリシャ人たちは，記数法をとらず線分演算を行なった．それは大きな数や小さな数を表わすなどということはできなかったが，図形からの論証によって実質的に 2 次方程式の解法（正の解の求め方）を示していたのである．

　近世ヨーロッパの代数学は，その源をやはりオリエントにおいている．9 世紀にバグダッドで著わされたアル・ファリズミーの著作『アル・ジャブル・ヴァル・ムカーバラ』で移項の原理に基づく代数的な立場で 2 次方程式の解法が取り扱われたが，これを契機としてアラビヤの数学の中で代数学が発展し，それがアラビヤ数字とともに，地中海貿易の波に乗って，12 世紀頃からまずイタリーへと入ってきたのである．ヨーロッパの数学はそこから目覚めたといってよい．

先生との対話

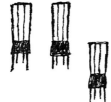

　教室の皆にとっては，古代ギリシャがすでに遠い遠い昔なのに，その古代ギリシャ人たちのさらに 1500 年以上も昔にシュメールの文化が栄え，そこにはいまと同じような数の表わし方が用いられていたということを聞いて驚いていた．誰かが

　「バビロンの繁栄は古代ギリシャのさらに 1500 年以上も昔のことだったというと，そこに歴史の断絶があり，ギリシャ数学がバビロニアの数学とまったく独立な数学を創ったことはむしろ当然ではないかしら．」

といった．それを聞いて先生が話し出された．

　「そうですね．数百年というような時間の流れの中で語られていく古代史の中で，互いの文化の交流がどのようなものであったかを

推測することは，至難のことなのだろうと想像されます．メソポタミヤでは，粘土板に文書が記されたため，それが砂漠の乾いた気候の中で磁器のように固くなり，多くの記録が残されましたが，そのようにして記録が保存されたことは，むしろ例外的なことだったのでしょう．そんな古代の数学の状況がわかることが，先生にはむしろ驚くべきことに思えます．

　古代エジプトの数学は，学問としてよりはむしろ実用的なものであり，バビロニアのような高さには達しなかったようです．確かに数学史家ベルのいうように，ギリシャ人が数表記を知り，数の概念を前面に出して，『原論』で示したような論証を展開したならば，その後の数学の流れは大きく変わっていたでしょう．しかしそれではそのとき幾何学はどうなっていたろうか，など問いかければ，これはきりのないことになります．ベルの著書から引用した言葉は，ベルのメソポタミヤ数学への率直な驚きを示していると読んだ方がよいようです．

　先生はむしろシュメール文明が数概念や代数的な演算の考えを誕生させたとほとんど同じ地に，3000年の歳月を経て，アル・ファリズミーの代数学が生まれてきたことに不思議の想いを深くしているのです．9世紀のイスラム文化は，もちろん古代バビロンとは無縁のものですが，それでも一脈の文化の流れが砂漠の地表の奥深くに流れ続けているような気がしてならないのです．数と代数記号を用いて進める，いわば空なる世界での論証と，定規やコンパスを使って図を画きながら具象的な中で考える幾何学の論証とは，数学の中ではまったく対極的な場所にあるといってよいでしょう．それが近世ヨーロッパの中で総合され，私たちが現在みるような数学の姿を形成していったところに，ヨーロッパを中心に起きた歴史の大きな波のうねりを感じます．」

　教室はいつの間にか歴史の授業を聞いているような雰囲気になってきた．山田君が少し遠慮がちに
　「数学のことを聞いてもよいですか．」
と聞いたところで，教室の空気はまた数学へともどっていった．

「剰余定理というのを習ったことがありますが，あれはどんな定理だったのでしょうか．」

「剰余定理というのは，$f(x)$を整式とするとき，$f(x)$を$x-\alpha$で割った余りは$f(\alpha)$になるという定理です．見かけがなじみにくい形をしているため，最初出会ったとき当惑する定理ですが，証明は簡単で，$f(x)$を$x-\alpha$で割ったときの商を$g(x)$，余りをRとすると，

$$f(x) = g(x)(x-\alpha) + R$$

と書けますから，ここで$x=\alpha$とおいてみるとよいのです．」

「だから$f(\alpha)=0$ならば余りが0となって，$f(x)$は$x-\alpha$で割りきれるということになるのですね．」

と山田君がうなずきながらいった．明子さんは第4週，水曜日の行列式の話で，列をとりかえると符号が変わることを連想したのか

「2つの文字x_1, x_2についての整式$f(x_1, x_2)$が

$$f(x_1, x_2) = -f(x_2, x_1)$$

という性質をもつとします．そうすると$x_1=x_2$とおくと$f(x_2, x_2)=-f(x_2, x_2)$となって$f(x_2, x_2)=0$となります．ですから剰余定理によって，$f(x_1, x_2)$はx_1-x_2で割りきれるといってよいのでしょうか．」

と質問した．先生は

「そうです．考え方としては，x_2を1つとめて$f(x_1, x_2)$をx_1だけの整式と考えて剰余定理を使ってみるのです．そうすると，$f(x_1, x_2)$はx_1の整式としてx_1-x_2で割りきれることがわかりますが，x_2はどんな値でもよいのですから結局x_1-x_2で割りきれます．」

といって，そこで一息いれてから話を続けられた．

「n個の文字$x_1, x_2, \cdots, x_n$に関する整式$f(x_1, x_2, \cdots, x_n)$が，どの$i, j\ (i \neq j)$をとってもx_iとx_jをとりかえると符号が変わるという性質，すなわち

$$f(x_1, \cdots, x_i, \cdots, x_j, \cdots, x_n) = -f(x_1, \cdots, x_j, \cdots, x_i, \cdots, x_n)$$

という性質をもつとき，fを**交代式**といいます．これをx_iの整式

とみて上と同様の考えを適用すると $x_i-x_1, x_i-x_2, \cdots, x_i-x_{i-1}, x_i-x_{i+1}, \cdots, x_i-x_n$ で割りきれることがわかり，したがってまた

$$\prod_{j\neq i}(x_i-x_j)$$

で割りきれることがわかります．i は $1,2,\cdots,n$ どれでもよいのですから結局，整式

$$P=\prod_{i<j}(x_i-x_j)$$

で割りきれることがわかります．」

かず子さんが眼を輝かせて

「P^2 がちょうど判別式 Δ と同じ形の式となっていますね．」

と注意した．

「そうです．P は $x_1,x_2,\cdots,x_n$ に関する**差積**とよばれています．P 自身が実は交代式となっています．これは問題として残しておきましょう（問題[3]参照）．いまわかったことから，交代式 $f(x_1,x_2,\cdots,x_n)$ は必ず

$$f(x_1,x_2,\cdots,x_n)=\varphi(x_1,x_2,\cdots,x_n)P(x_1,x_2,\cdots,x_n)$$

と表わされることになります．このとき商 $\varphi(x_1,x_2,\cdots,x_n)$ は対称式となります．なぜでしょうか．」

そういって先生は話を終えてしまわれた．この先生の質問も問題として考えてもらうことにしよう（問題[4]参照）．

問 題

[1] $f(x)$ を実数を係数とする整式とする．$f(x)=0$ が複素数 α を解にもつならば，共役複素数 $\bar{\alpha}$ もまた解となることを示しなさい．

[2] (1) $x_1^4+x_2^4$ を基本対称式で表わしなさい．
(2) $x_1^3+x_2^3+x_3^3-3x_1x_2x_3$ を基本対称式で表わしなさい．

[3] 差積 $P=\prod_{i<j}(x_i-x_j)$ は交代式であることを示しなさい．

[4] 交代式 $f(x_1, x_2, \cdots, x_n)$ は対称式と差積の積として表わされることを示しなさい.

[5] (行列式の基本性質を知っている人への問題)

$$\begin{vmatrix} 1 & 1 & 1 & 1 \\ x_1 & x_2 & x_3 & x_4 \\ x_1^2 & x_2^2 & x_3^2 & x_4^2 \\ x_1^3 & x_2^3 & x_3^3 & x_4^3 \end{vmatrix} = (x_1-x_2)(x_1-x_3)(x_1-x_4)(x_2-x_3)(x_2-x_4)(x_3-x_4)$$

を示しなさい(右辺は x_1, x_2, x_3, x_4 に関する差積である).

お茶の時間

質問 以前,16世紀の数学者ヴィエタが,ベルギーの数学者から45次の方程式を解くように挑戦をうけ,それをただちに解いたという話を聞いたことがありますが,この45次の方程式とはどんなものだったのですか.

答 ヴィエタ(1540~1603)は,中世数学から近世数学への過渡期にあって,いろいろな分野で次の時代への影響を与えた数学史上有名な数学者であるが,ヴィエタの本職は数学者ではなかった.ヴィエタは若い頃法律を学んで,弁護士を開業し,ブルターニュ高等法院の一員となっていた.

その後王の諮問委員会の委員に選ばれ,終世フランス宮廷の中枢にあった.ヴィエタにとって数学の研究は,暇つぶしの道楽であったようである.

1593年にベルギーの数学者アドリアン・ファン・ルーメンは世界中の数学者たちに45次の方程式

$$45x - 3795x^3 + 95634x^5 - \cdots + 945x^{41} - 45x^{43} + x^{45} = N$$

の解を求めるよう,挑戦状をつきつけた.当時,フランスのアンリⅣ世の宮廷に低地帯諸国(こんにちのベネルクス三国にあたる)から派遣されていた大使は,フランスにはこの問題が解ける数学者はい

ないだろうといっていた．フランスの名誉を守るため助力を求められたヴィエタは，ただちにこの方程式が $\sin 45\theta$ を $\sin \theta$ の整式として展開したものであることを見抜き，23個の正根を求めることができたのである．ヴィエタはたまたま三角法の研究の過程で $\sin n\theta$ についての倍角の公式を求めていた．

　同時代の人にとって，このような方程式を解くことは魔術のようにみえただろうが，それはいまの私たちにとっても同じことである．問題の提出者ルーメンとヴィエタはこのあと深い友情に結ばれたという．

火曜日

3次方程式と4次方程式

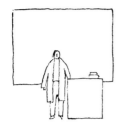

先生の話

　今日は3次方程式と4次方程式の解き方と，それに関連するお話をしてみることにしましょう．中学，高等学校で2次方程式の解き方は繰り返していねいに教えてもらいますが，大学へ入って3次方程式，4次方程式の解き方を習うということはまぁないといってよいでしょう．最近ではこれはごく当り前のことのように思われていて，誰もあまり気にしなくなりました．大学へ入って代数と名のつくのはふつうは線形代数という課目だけです．この課目はしかし19世紀までの代数学のカテゴリーに入れてよいものかどうかもよくわかりません．もちろん数学科や情報科学科などでは代数学の講義がありますが，ここで取り扱うテーマは，群とか，環とか，体といったような，いわば抽象代数学に現われる概念が中心となっています．このような20世紀数学の流れを受ける形での大学における代数学の教え方については，ある歴史的な必然があったのでしょうが，私は最近これに対して多少批判的な，少し違う観点でみることもあります．

　それはオイラーや，19世紀の数学が数論や幾何学や不変式論などの中で示した代数的演算による手法は，数学の根幹を支える独特なものがあり，それは線形代数や抽象代数や解析学からはなかなか学びとられないものです．最近の数学では再びオイラーを見直そうという気運が高まってきましたが，それはオイラーの示した代数演算の手法や"代数解析"の思想がまことに強力なものであり，数学のもっとも基本的な方法を与えているという認識に立つものです．有限次元から無限次元へと数学が枠組みを広げていくときにも代数学の方法は重要です．実際，無限次元へと進むとき，第3週で述べたように積分は総合的な視点を与えますが，代数はその視点とは別な分析的な道を切り拓いていきます．このような古典的でかつ現代的な代数的手法をどこかで教える場所があってもよいのではないかと思うのです．

そのような考えもあって，今日は3次方程式と4次方程式の解法を少し詳しく述べてみることにしました．方程式の解法はやはり代数学を育てる土壌だったのです．今日の話を通して，高等学校で習った因数分解の公式などが，どれほどこの土壌を深く耕していく鍬の役目をしているかもわかってもらえると思います．

3次方程式や4次方程式の解き方がわかってみても，1次方程式や2次方程式のときとは違って，これが実際応用上使われるような機会はほとんどないでしょう．しかしそれに代って，この解法には代数学のもつ深い味わいがあります．皆さんはきっとそこに，先人たちの努力なしでは決して克ちとられなかった代数のもつ面白さを感じとられることでしょう．

3次方程式——カルダーノの解法

3次方程式
$$X^3 + pX^2 + qX + r = 0 \qquad (1)$$
において，未知数 X を
$$X = x - \frac{1}{3}p \qquad (2)$$
とおいて，X から x へと変換する．そうすると未知数 x についての方程式は
$$\left(x - \frac{1}{3}p\right)^3 + p\left(x - \frac{1}{3}p\right)^2 + q\left(x - \frac{1}{3}p\right) + r = 0$$
となるが，これを展開して整理すると
$$x^3 + ax + b = 0 \qquad (3)$$
の形になる．ここで
$$a = q - \frac{1}{3}p^2, \quad b = r - \frac{1}{3}pq + \frac{2}{27}p^3$$
である．したがって(3)が解ければ，(2)によって(1)の解が求められたことになる．私たちは(3)を解くことにする．

(3)を解くために，$x = u + v$ とおくと(3)は

$$u^3+v^3+(3uv+a)(u+v)+b=0$$

となる．したがって

$$3uv+a=0, \quad u^3+v^3+b=0 \qquad (4)$$

をみたすように u,v を選べれば，u,v はこの方程式をみたし，したがってこのとき $x=u+v$ は(3)の解となる．(4)から

$$u^3v^3=-\left(\frac{a}{3}\right)^3, \quad u^3+v^3=-b \qquad (4)'$$

という関係が得られる．したがって，2次方程式についての解と係数の関係(9頁参照)から，u^3, v^3 は2次方程式

$$t^2+bt-\left(\frac{a}{3}\right)^3=0$$

の解として与えられることがわかる．実際この2次方程式を解いて

$$u^3, v^3 = -\frac{b}{2} \pm \sqrt{\left(\frac{b}{2}\right)^2+\left(\frac{a}{3}\right)^3} \qquad (5)$$

となる．簡単のため右辺の複号のついた2つの式をそれぞれ A, B とし，

$$u^3=A, \quad v^3=B$$

とする．(なお，以下の3次方程式の話の中では，記号 A, B はいつでもこの意味で使うことにする．) 立方根をとると

$$u : \sqrt[3]{A}, \quad \omega\sqrt[3]{A}, \quad \omega^2\sqrt[3]{A}$$
$$v : \sqrt[3]{B}, \quad \omega\sqrt[3]{B}, \quad \omega^2\sqrt[3]{B}$$

となる．ここで ω は1の3乗根

$$\omega = \frac{-1+\sqrt{3}\,i}{2}$$

である．(4)$'$ から

$$uv = -\frac{a}{3}$$

が成り立つから，これをみたすように上の u,v の組合せをとって，$u+v$ をつくると，結局(3)の解

$$x_1=\sqrt[3]{A}+\sqrt[3]{B}, \quad x_2=\omega\sqrt[3]{A}+\omega^2\sqrt[3]{B}, \quad x_3=\omega^2\sqrt[3]{A}+\omega\sqrt[3]{B} \qquad (6)$$

が得られた．たとえばここで x_1 を(5)にしたがって書いてみると

$$x_1 = \sqrt[3]{-\frac{b}{2}+\sqrt{\left(\frac{b}{2}\right)^2+\left(\frac{a}{3}\right)^3}}+\sqrt[3]{-\frac{b}{2}-\sqrt{\left(\frac{b}{2}\right)^2+\left(\frac{a}{3}\right)^3}} \qquad (6)'$$

となる．(6)を（または(6)'を）**カルダーノの公式**という．

　もっとも(6)が確かに(3)の解を与えていることは確認する必要のあることである．（議論の途中で，uv から u^3v^3 へと移り，u^3, v^3 を求めたあとで(4)'の条件を使って u, v の対を決めたところが多少間接的となっている．）　しかしこの確認は省略して，その代りに，カルダーノの公式を導く別の方法を紹介することにしよう．

3次方程式の解法（因数分解を使う法）

　こんどは(3)を解くために，次の因数分解の公式を使ってみることにしよう．

$$X^3+Y^3+Z^3-3XYZ$$
$$=(X+Y+Z)(X^2+Y^2+Z^2-XY-XZ-YZ)$$

（この公式については月曜日の問題[1](2)参照．）　この右辺に現われる2番目の因数に注目し，これをさらに因数分解するために，X の2次式と考えて因数分解することを試みてみる．そのため2次方程式

$$X^2-(Y+Z)X+Y^2+Z^2-YZ=0$$

を考える．解の公式にしたがってこの2次方程式を解くと

$$X=\frac{(Y+Z)\pm\sqrt{(Y+Z)^2-4(Y^2+Z^2)+4YZ}}{2}$$
$$=\frac{Y+Z\pm\sqrt{6YZ-3Y^2-3Z^2}}{2}$$
$$=\frac{Y+Z\pm\sqrt{3}(Y-Z)i}{2}$$
$$=\begin{cases}-(\omega^2 Y+\omega Z)\\-(\omega Y+\omega^2 Z)\end{cases}$$

となる．ここで $\omega^2=\dfrac{-1-\sqrt{3}i}{2}$ である．このことから

$$X^2+Y^2+Z^2-XY-XZ-YZ$$
$$=(X+\omega Y+\omega^2 Z)(X+\omega^2 Y+\omega Z)$$

と因数分解されることがわかった．

したがって結局因数分解の公式
$$X^3+Y^3+Z^3-3XYZ$$
$$=(X+Y+Z)(X+\omega Y+\omega^2 Z)(X+\omega^2 Y+\omega Z) \quad (7)$$

が得られた．この左辺を X でまとめて
$$X^3+(-3YZ)X+(Y^3+Z^3) \quad (8)$$

と表わすと，(7)はこの形の3次式は必ず X の1次式に因数分解されることを示している．

(3)と(8)とを見くらべると，このことはもし a,b に対して
$$a=-3YZ, \quad b=Y^3+Z^3 \quad (9)$$

となる Y,Z が見つけられれば，3次方程式
$$x^3+ax+b=0 \quad (3)$$

は(8)の形となって1次式に因数分解され，したがって(7)によって解が求められることを意味している．(9)から
$$-\left(\frac{a}{3}\right)^3=Y^3 Z^3, \quad b=Y^3+Z^3$$

が導かれるが，この式と(4)′をくらべてみると，Y,Z は，(4)′で，ちょうど
$$Y=-u, \quad Z=-v$$

とおいたものになっていることがわかるだろう．したがって前の記号を使うと，(9)をみたす1組の Y,Z は
$$Y=-\sqrt[3]{A}, \quad Z=-\sqrt[3]{B}$$

で与えられることになる．(7)の因数分解を参照すると，これから(3)の解が
$$x_1=\sqrt[3]{A}+\sqrt[3]{B}, \; x_2=\omega\sqrt[3]{A}+\omega^2\sqrt[3]{B}, \; x_3=\omega^2\sqrt[3]{A}+\omega\sqrt[3]{B}$$

で与えられることがわかる．これは(6)で与えたカルダーノの公式にほかならない．

3次方程式の判別式

3次方程式の判別式の一般の形は，すでに月曜日に結果だけを記しておいたが，ここではカルダーノの公式(6)を用いて，(3)の判別式を実際計算してみよう．(6)により $1+\omega=-\omega^2$ を用いると

$$x_1-x_2 = (1-\omega)(\sqrt[3]{A}-\omega^2\sqrt[3]{B})$$
$$x_1-x_3 = -\omega^2(1-\omega)(\sqrt[3]{A}-\omega\sqrt[3]{B})$$
$$x_2-x_3 = \omega(1-\omega)(\sqrt[3]{A}-\sqrt[3]{B})$$

ここで一般に公式 $X^3-Y^3=(X-Y)(X-\omega Y)(X-\omega^2 Y)$ が成り立つことと，A,B は(5)の u^3, v^3 であったことに注意すると，上の3式をかけて

$$(x_1-x_2)(x_1-x_3)(x_2-x_3) = 3\sqrt{3}\,i(A-B)$$
$$= 6\sqrt{3}\,i\sqrt{\left(\frac{b}{2}\right)^2+\left(\frac{a}{3}\right)^3}$$

が得られる．したがって(3)の判別式を Δ とすると

$$\Delta = (x_1-x_2)^2(x_1-x_3)^2(x_2-x_3)^2 = -108\left(\frac{a^3}{27}+\frac{b^2}{4}\right)$$
$$= -(4a^3+27b^2)$$

となる（ここで最初にもどって，a,b を p,q,r の式で表わすと(1)の判別式となる）．

係数が実数のとき，この判別式の符号は次のような解の判定に使われる．

> **定理** 3次方程式(3)の係数 a,b が実数のとき，次のことが成り立つ．
>
> （Ⅰ）$\Delta>0$ ならば，相異なる3つの実解をもつ．
>
> （Ⅱ）$\Delta<0$ ならば，ただ1つの実解と，互いに共役な2つの複素数の解をもつ．
>
> （Ⅲ）$\Delta=0$ ならば，3つとも実解であり，このうちの少なくとも2つは一致している．

[証明](I) $\Delta>0$ とする.

$$\Delta = -108\left\{\left(\frac{a}{3}\right)^3+\left(\frac{b}{2}\right)^2\right\}>0$$

により，(5)の $\sqrt{}$ 部分は純虚数となり，したがって A,B は互いに共役な複素数となる．また $\Delta>0$ から

$$\left(\frac{a}{3}\right)^3+\left(\frac{b}{2}\right)^2<0$$

となり，これから $a<0$ のこともわかる．

ここで少し細かな議論が必要となる．カルダーノの公式で，$\sqrt[3]{A},\sqrt[3]{B}$ は関係式

$$\sqrt[3]{A}\sqrt[3]{B} = -\frac{a}{3} \tag{10}$$

をみたすように選んでいた．いまの場合 A,B は共役複素数だから，$\sqrt[3]{A},\sqrt[3]{B}$ ——すなわち $z^3=A$ または $z^3=B$ をみたす z ——は，ガウス平面上で $\sqrt[3]{|A|}$ の円周上に，図で示してあるように $\frac{\pi}{3}$ の等分点として配置されている．

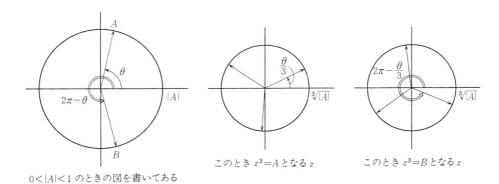

$0<|A|<1$ のときの図を書いてある　　このとき $z^3=A$ となる z　　このとき $z^3=B$ となる z

$\arg A = \theta$ として偏角を調べてみると

$z^3=A$ をみたす z の偏角：$\dfrac{\theta}{3},\ \dfrac{\theta}{3}+\dfrac{\pi}{3},\ \dfrac{\theta}{3}+\dfrac{2\pi}{3}$

$z^3=B$ をみたす z の偏角：$2\pi-\dfrac{\theta}{3},\ 2\pi-\dfrac{\theta}{3}+\dfrac{\pi}{3},\ 2\pi-\dfrac{\theta}{3}+\dfrac{2\pi}{3}$

そこで条件(10)をみたすような $\sqrt[3]{A},\sqrt[3]{B}$ のとり方を調べてみよう．

$a<0$ だから $-\dfrac{a}{3}$ の偏角は 2π であり，したがって $z^3=A$ をみたす z の偏角と，$z^3=B$ をみたす z の偏角の和が $2\pi+2n\pi$ となるような z を $\sqrt[3]{A},\sqrt[3]{B}$ にとる必要がある．上の偏角の並び方をみると，このような選び方としては

$$\sqrt[3]{A} \text{ の偏角}:\dfrac{\theta}{3}, \quad \sqrt[3]{B} \text{ の偏角}:2\pi-\dfrac{\theta}{3}$$

となるものを $\sqrt[3]{A},\sqrt[3]{B}$ としてとることになる．したがって $\sqrt[3]{A}$ と $\sqrt[3]{B}$ はこのとき共役複素数となっていることがわかる．

$\sqrt[3]{A}$ と $\sqrt[3]{B}$ が共役複素数になっていれば，$\bar{\omega}=\omega^2$ だから，$\omega\sqrt[3]{A}$ と $\omega^2\sqrt[3]{B}$ も，また $\omega^2\sqrt[3]{A}$ と $\omega\sqrt[3]{B}$ も互いに共役複素数となっている．したがってカルダーノの公式に現われる解

$$\sqrt[3]{A}+\sqrt[3]{B}, \quad \omega\sqrt[3]{A}+\omega^2\sqrt[3]{B}, \quad \omega^2\sqrt[3]{A}+\omega\sqrt[3]{B}$$

はすべて実数となる．

（Ⅱ） $\Delta<0$ のとき(5)の $\sqrt{}$ 部分は実数となり，したがって A，B は実数となる．したがって $x_1=\sqrt[3]{A}+\sqrt[3]{B}$ は実解，$x_2=\omega\sqrt[3]{A}+\omega^2\sqrt[3]{B}$ と $x_3=\omega^2\sqrt[3]{A}+\omega\sqrt[3]{B}$ は互いに共役な複素数の解となる．

（Ⅲ） $\Delta=0$ のときは

$$A=B=-\dfrac{b}{2}$$

となり，したがって

$$x_1=2\sqrt[3]{A}=-2\sqrt[3]{\dfrac{b}{2}}$$

$$x_2=x_3=-\sqrt[3]{A}=\sqrt[3]{\dfrac{b}{2}}$$

となる． （証明終り）

還元不能の場合

この $\Delta>0$ の場合が，古来頭を悩ませる難問を提起したのである．すなわち，3つの解が実解であっても，それはカルダーノの公式では2つの共役複素数の和として取り出されるものであって，したが

って複素数を経由しないと実解が表わされないという奇妙なことになっている．

たとえば3次方程式
$$x^3-15x-4=0$$
は $(x-4)(x^2+4x+1)=0$ と因数分解され，(I)の場合となっている．実際計算すると $\Delta=13068$ である．因数分解すれば簡単に求められる解4も，カルダーノの公式を使うと
$$4=\sqrt[3]{2+\sqrt{121}i}+\sqrt[3]{2-\sqrt{121}i}$$
となって，複素数の入った複雑な式となってしまう．この右辺が4であるなどということは，すぐには見破られないだろう．

この $\Delta>0$ の場合を，**還元不能の場合**という．還元不能というのは，3つの実解があるときでも，解の公式を実数だけに還元して表わすことが不可能であるということを示唆しているのだろう．この不可能な理由が完全に明らかになったのは，ガロア理論が登場してからのことである．

還元不能な場合──三角関数による解法

この還元不能な場合でも，cos という代数的ではない関数を援用してもよいことにすると，実数の範囲で解を求めることができる．このことを説明する前に，還元不能なときに，(3)の係数 a, b がみたすある関係を導いておこう．このとき $\Delta>0$ だから
$$\left(\frac{a}{3}\right)^3+\left(\frac{b}{2}\right)^2<0$$
が成り立っている．この不等式から
$$a<0, \quad \frac{|b|}{2}<\sqrt{\frac{-a^3}{27}}$$
が導かれ，したがって
$$a<0, \quad \left|-\frac{b}{2}\div\sqrt{\frac{-a^3}{27}}\right|<1 \qquad (11)$$
が成り立つことがわかる．

この関係(11)は，3次方程式(3)の解法に，cos の3倍角の公式
$$\cos 3\theta = 4\cos^3\theta - 3\cos\theta$$
を利用することを可能にするのである．$y=\cos\theta$ とおくと，この3倍角の公式は

$$y^3 - \frac{3}{4}y - \frac{1}{4}\cos 3\theta = 0 \tag{12}$$

と表わされる．この式を $\cos 3\theta$ の値がわかったときに y についての3次方程式とみて解くと，解は

$$\cos\theta, \quad \cos\left(\theta + \frac{2\pi}{3}\right), \quad \cos\left(\theta + \frac{4\pi}{3}\right) \tag{13}$$

となる．
 したがって3次方程式

$$x^3 + ax + b = 0 \tag{3}$$

を(12)の形に変形することができるならば，解は cos の形で求められることになる．そのため

$$x = \lambda z$$

とおき，(3)の未知数 x を z にとりかえ，次にパラメータ λ を適当に選ぶことによって，実質的には(3)を(12)の形にすることができることをみてみよう．未知数 z についての方程式は(3)から

$$z^3 + \frac{a}{\lambda^2}z + \frac{b}{\lambda^3} = 0 \tag{14}$$

となる．これを(12)と比較してみると

$$\frac{a}{\lambda^2} = -\frac{3}{4}, \quad \frac{b}{\lambda^3} = -\frac{1}{4}\cos 3\theta$$

をみたすように λ と θ が選べるかどうかが問題である．しかし，(11)をみるとまず λ が正の実数として

$$\lambda = \sqrt{-\frac{4}{3}a}$$

としてとれることがわかる．これを2番目の式に代入すると

$$-4 \times b \div \left(\sqrt{-\frac{4}{3}a}\right)^3 = \cos 3\theta$$

となるが，この式の左辺は整理すると

$$-\frac{b}{2} \div \sqrt{\frac{-a^3}{27}}$$

となり，したがって再び(11)の式により，この値を $\cos 3\theta$ とするような 3θ が，$0<3\theta<\pi$ の条件でただ1つ決まることがわかる．

このように λ と θ の値を決めると，(14)の解が(13)で与えられ，したがって(3)の解が

$$\lambda \cos \theta, \quad \lambda \cos\left(\theta+\frac{2\pi}{3}\right), \quad \lambda \cos\left(\theta+\frac{4\pi}{3}\right)$$

で与えられることになる．すなわち還元不能な場合の3つの実解が $\cos$ で表わされたのである！

以前は，この解法は"代数的でない"という理由と三角関数の表を使うことが思いのほかわずらわしいということもあって，代数学の教科書の中では少し取り扱いにくい題材と考えられていたようであった．しかし最近のように関数電卓が誰でも手軽に入手できるようになり，そこには $\sqrt[3]{}$ のキーと並んで，$\cos, \cos^{-1}$ のキーも並んでいる．このような状況になれば，この解法は実用上非常に有効なものだといってよいだろう．

次の還元不能の場合の3次方程式を，この方法で実際解いてみよう：

$$x^3 - 12x + 10 = 0$$

このとき

$$\lambda = \sqrt{-\frac{4}{3} \times (-12)} = 4$$

$$\cos 3\theta = \frac{-10}{2} \div \sqrt{\frac{12^3}{27}} = -0.625$$

から（関数電卓では $\cos^{-1}$ のキーを使って）

$$3\theta = 2.24593$$

となり，$\theta = 0.74864$ が得られる．これから解

$$4\cos\theta, \quad 4\cos\left(\theta+\frac{2\pi}{3}\right), \quad 4\cos\left(\theta+\frac{4\pi}{3}\right)$$

を求めてみると（関数電卓では cos のキーを使って）
$$2.93046, \quad -3.82305, \quad 0.89259$$
となる．

4 次方程式——フェラリの解法

4 次方程式
$$X^4 + pX^3 + qX^2 + rX + s = 0$$
は，3 次方程式の場合と同様に，未知数 X を
$$X = x - \frac{p}{4}$$
とおいて，X から x へと変換することにより
$$x^4 + ax^2 + bx + c = 0 \tag{15}$$
の形になる．以下では 4 次方程式というときには，この形の 4 次方程式を考えることにする．

(15)を解くために，2 次以下の項を移項して
$$x^4 = -ax^2 - bx - c$$
とする．そして新しい文字 y を導入して，この式の両辺に $yx^2 + \frac{1}{4}y^2$ を加える：
$$x^4 + yx^2 + \frac{1}{4}y^2 = (y-a)x^2 - bx - c + \frac{1}{4}y^2$$
この左辺は完全平方式となっていて，この式は
$$\left(x^2 + \frac{1}{2}y\right)^2 = (y-a)x^2 - bx - c + \frac{1}{4}y^2 \tag{16}$$
となる．右辺も完全平方式とするために，右辺の x についての 2 次式の判別式が 0 となるように y の値を選ぶことにする．すなわち
$$b^2 - 4(y-a)\left(-c + \frac{1}{4}y^2\right) = 0$$
あるいは整理すると，この式は 3 次方程式
$$y^3 - ay^2 - 4cy + 4ac - b^2 = 0 \tag{17}$$
となるが，この 1 つの解 y_1 を y としてとることにする．

このとき(16)の右辺は
$$(Ax+B)^2$$
の形となるから，(16)は
$$\left(x^2+\frac{1}{2}y_1\right)^2 = (Ax+B)^2$$
と表わされる．この両辺のルートをとって
$$x^2+\frac{1}{2}y_1 = \pm(Ax+B) \tag{18}$$
が得られる．これは x についての2つの2次方程式である．これをそれぞれ解いて4個の解
$$x_1,\ x_2\,;x_3,\ x_4$$
を求めると，これが4次方程式(15)の解となる．この解き方を**フェラリの解法**という．

このフェラリの解法のきわ立った点は，途中で3次方程式(17)を解いて，その解をいわば積極的に用いたことにある．この3次方程式は，4次方程式を解くときの中間のステップとして重要な意味をもつに違いない．

> **定義** 3次方程式(17)を，フェラリの解法における**分解3次方程式**という．

♣ 4次方程式に対するカルダーノの公式に相当するような"解の公式"については，すぐあとで述べるオイラーの解法を参照していただきたい．

4次方程式と分解3次方程式の関係

4次方程式(15)の解 x_1, x_2, x_3, x_4 と，分解3次方程式(17)の解 y_1 との間には
$$x_1x_2+x_3x_4 = y_1 \tag{19}$$
という関係が成り立つ．

［証明］(18)で解と係数の関係を使うと

$$x_1 x_2 = \frac{y_1}{2} - B, \quad x_3 x_4 = \frac{y_1}{2} + B$$

となる．この 2 式を辺々加えるとよい． (証明終り)

分解 3 次方程式の解を y_1, y_2, y_3 とすると，y_1 に対して成り立ったと同様の関係は y_2, y_3 に対しても成り立つだろう．そのことから，y_2, y_3 の番号を適当につけるならば，(19) に対応して

$$x_1 x_3 + x_2 x_4 = y_2, \quad x_1 x_4 + x_2 x_3 = y_3 \qquad (20)$$

が成り立つことが予想される．

実際この予想が正しいことを確かめるには，(19) と (20) で与えられる y_1, y_2, y_3 を解とする 3 次方程式

$$(y - y_1)(y - y_2)(y - y_3) = 0$$

をつくる．y_1, y_2, y_3 に (19) と (20) を代入して展開し，4 次方程式 (15) における解と係数の関係

$$\sum x_1 = 0, \quad \sum x_1 x_2 = a, \quad \sum x_1 x_2 x_3 = -b, \quad x_1 x_2 x_3 x_4 = c$$

を使うと，$y^3 - ay^2 - 4cy + 4ac - b^2 = 0$ という分解 3 次方程式が得られる．このことは分解 3 次方程式の解 y_1, y_2, y_3 が $x_1 x_2 + x_3 x_4$, $x_1 x_3 + x_2 x_4$, $x_1 x_4 + x_2 x_3$ で与えられることを示している．この事実は予想が正しかったことを示している．

(19) と (20) から

$$y_1 - y_2 = (x_1 - x_4)(x_2 - x_3), \quad y_1 - y_3 = (x_1 - x_3)(x_2 - x_4),$$
$$y_2 - y_3 = (x_1 - x_2)(x_3 - x_4)$$

が得られる．したがって 4 次方程式 (15) の判別式を Δ とおくと

$$\Delta = (x_1 - x_2)^2 (x_1 - x_3)^2 (x_1 - x_4)^2 (x_2 - x_3)^2 (x_2 - x_4)^2 (x_3 - x_4)^2$$
$$= (y_1 - y_2)^2 (y_1 - y_3)^2 (y_2 - y_3)^2$$

となる．

この式は，4 次方程式の判別式は分解 3 次方程式の判別式に等しいという注目すべき事実を示している．3 次方程式の判別式を係数で表わすことは知っているから，これを用いて 4 次方程式の判別式を係数の整式として表わすことができ，これによって 4 次方程式の判別式が月曜日 (16 頁) に示した形となることを確かめることがで

4次方程式——デカルトの解法

4次方程式
$$x^4+ax^2+bx+c=0 \qquad (15)$$
の左辺を
$$(x^2+kx+l)(x^2-kx+m)$$
$$= x^4+(l+m-k^2)x^2+k(m-l)x+lm \qquad (21)$$
と因数分解したい．そのためには(15)と見くらべて
$$l+m-k^2=a, \quad k(m-l)=b, \quad lm=c$$
となるように k, l, m, n を決めることができるとよい．

これを k についての方程式に帰着させるため，$k \neq 0$ として，最初の2式から l, m を求めると
$$2l = a+k^2-\frac{b}{k}, \quad 2m = a+k^2+\frac{b}{k} \qquad (22)$$
これを3番目の式に代入して k についての方程式
$$(a+k^2)^2-\frac{b^2}{k^2} = 4c$$
すなわち
$$k^6+2ak^4+(a^2-4c)k^2-b^2 = 0 \qquad (23)$$
が得られる．この方程式は k^2 を未知数とする3次方程式である．

この方程式の1つの解 $k_1 (\neq 0)$ をとれば，(21)と(22)により(15)の解は，2つの2次方程式
$$x^2 \pm k_1 x + \frac{1}{2}\left(a+k_1^2 \mp \frac{b}{k_1}\right) = 0 \qquad (24)$$
の解 $x_1, x_2 ; x_3, x_4$ として得られることになる．

4次方程式(15)をこのような方程式で解くことを**デカルトの解法**という．

さて，この解法の途中に新たに登場した"分解方程式"(23)は k^2

$=y$ とおくと，y についての 3 次方程式

$$y^3+2ay^2+(a^2-4c)y-b^2 = 0 \qquad (25)$$

となる．この方程式の 3 つの解を y_1, y_2, y_3 とし

$$\sqrt{y_1} = k_1, \quad \sqrt{y_2} = k_2, \quad \sqrt{y_3} = k_3$$

とおく．ただしここで $\sqrt{}$ は(一般に y_1, y_2, y_3 は複素数であることに注意)

$$k_1 k_2 k_3 = -b$$

となるように符号(分枝!)をとっておくとする．このとき $k_1{}^2, k_2{}^2, k_3{}^2$ は(25)の解であることに注意すると，方程式(25)に関する解と係数の関係から

$$k_1{}^2 + k_2{}^2 + k_3{}^2 = -2a$$

が成り立つ．したがって(24)で $x^2 - k_1 x + \cdots$ の方をとった方程式は

$$\left(x - \frac{k_1}{2}\right)^2 = -\frac{a}{2} - \frac{k_1{}^2}{4} - \frac{b}{2k_1}$$

$$= \frac{k_1{}^2 + k_2{}^2 + k_3{}^2}{4} - \frac{k_1{}^2}{4} + \frac{k_1 k_2 k_3}{2k_1}$$

$$= \left(\frac{k_2 + k_3}{2}\right)^2$$

となる．したがって(24)の一方の方程式の解 ($x^2 - k_1 x + \cdots = 0$ の解)を x_1, x_2 とすると

$$x_1 - \frac{k_1}{2} = \frac{k_2 + k_3}{2}, \quad x_2 - \frac{k_1}{2} = -\frac{k_2 + k_3}{2}$$

となる．すなわち

$$2x_1 = k_1 + k_2 + k_3 = \sqrt{y_1} + \sqrt{y_2} + \sqrt{y_3}$$
$$2x_2 = k_1 - k_2 - k_3 = \sqrt{y_1} - \sqrt{y_2} - \sqrt{y_3}$$

が成り立つ．同様にして

$$2x_3 = -k_1 + k_2 - k_3 = -\sqrt{y_1} + \sqrt{y_2} - \sqrt{y_3}$$
$$2x_4 = -k_1 - k_2 + k_3 = -\sqrt{y_1} - \sqrt{y_2} + \sqrt{y_3}$$

が得られる．

このようにして 4 次方程式の解は，"分解 3 次方程式"(25)の解によって表わされるのである．この関係式はオイラーによって最初に見出された．

4次方程式——オイラーの解法

もっともオイラーはこのような不思議な関係式を，4次方程式の別の解法を通して発見したのである．オイラーは今日最初に述べた3次方程式のカルダーノの解法と同様の考えを，4次方程式にも適用しようとした．すなわち

$$x^4 + ax^2 + bx + c = 0 \qquad (15)$$

を解くために $x = u + v + w$ とおいた．

そうした上で以下のような計算を遂行することは，オイラーにとっては何ということはなかったろう．

$$x^2 = u^2 + v^2 + w^2 + 2(uv + uw + vw)$$
$$x^4 = (u^2 + v^2 + w^2)^2 + 4(u^2 + v^2 + w^2)(uv + uw + vw)$$
$$\qquad + 4(u^2v^2 + u^2w^2 + v^2w^2) + 8uvw(u + v + w)$$

これを(15)に代入すると

$$(u^2 + v^2 + w^2)^2 + 2\{2(u^2 + v^2 + w^2) + a\}(uv + uw + vw)$$
$$+ 4(u^2v^2 + u^2w^2 + v^2w^2) + a(u^2 + v^2 + w^2)$$
$$+ (8uvw + b)(u + v + w) + c = 0$$

したがって

$$2(u^2 + v^2 + w^2) + a = 0, \quad 8uvw + b = 0 \qquad (26)$$

のときには，この方程式は

$$(u^2 + v^2 + w^2)^2 + 4(u^2v^2 + u^2w^2 + v^2w^2) + a(u^2 + v^2 + w^2) + c = 0$$

となる．

この方程式は(26)の最初の式

$$u^2 + v^2 + w^2 = -\frac{a}{2}$$

を用いるといっそう簡単な形

$$4(u^2v^2 + u^2w^2 + v^2w^2) = -c + \frac{a^2}{4}$$

となる．

したがって結局

$$\begin{cases} u^2+v^2+w^2 = -\dfrac{a}{2} \\ u^2v^2+u^2w^2+v^2w^2 = \dfrac{a^2}{16}-\dfrac{c}{4} \\ uvw = -\dfrac{b}{8} \end{cases} \qquad (27)$$

をみたす u,v,w を求めると，$z=u+v+w$ は (15) の解を与えることがわかった．このような u,v,w は，u^2,v^2,w^2 に関する 3 次方程式

$$(t-u^2)(t-v^2)(t-w^2)$$
$$= t^3-(u^2+v^2+w^2)t^2+(u^2v^2+u^2w^2+v^2w^2)t-u^2v^2w^2 = 0$$

を解いて，この解のルートをとることによって得られる．この 3 次方程式は $4t=y$ とおいてみると，(27) から

$$y^3+2ay^2+(a^2-4c)y-b^2 = 0$$

となることがわかる．これはデカルトの解法に現われた分解方程式 (25) と一致している．この方程式の解を y_1, y_2, y_3 とすれば

$$u^2 = \frac{y_1}{4}, \qquad v^2 = \frac{y_2}{4}, \qquad w^2 = \frac{y_3}{4}$$

となり，したがって

$$u = \pm\frac{\sqrt{y_1}}{2}, \qquad v = \pm\frac{\sqrt{y_2}}{2}, \qquad w = \pm\frac{\sqrt{y_3}}{2}$$

となるが，(27) の 3 番目の式から $uvw = -\dfrac{b}{8}$ のように $\pm$ の符号を調節しておかなくてはならない．だから $z_i{}^2 = y_i$ となる z_i を 1 つ（分枝を 1 つ）とってそれを $\sqrt{y_1}, \sqrt{y_2}, \sqrt{y_3}$ とするときに

$$\sqrt{y_1}\sqrt{y_2}\sqrt{y_3} = -b$$

が成り立つようにしておく必要がある．このとき，この条件をみたす残りの組合せは

$$\sqrt{y_1}, -\sqrt{y_2}, -\sqrt{y_3}\,;\; -\sqrt{y_1}, \sqrt{y_2}, -\sqrt{y_3}\,;\; -\sqrt{y_1}, -\sqrt{y_2}, \sqrt{y_3}$$

である．

最初の 4 次方程式 (15) の解は $u+v+w$ で与えられるのだから，したがって (15) の解 z_1, z_2, z_3, z_4 は

$$2z_1 = \sqrt{y_1}+\sqrt{y_2}+\sqrt{y_3}$$

$$2z_2 = \sqrt{y_1} - \sqrt{y_2} - \sqrt{y_3}$$
$$2z_3 = -\sqrt{y_1} + \sqrt{y_2} - \sqrt{y_3}$$
$$2z_4 = -\sqrt{y_1} - \sqrt{y_2} + \sqrt{y_3}$$

となる．これを**オイラーの解法**という．なおこれはデカルトの解法のときに得られた関係式になっている．この導き方には，オイラーの透徹した眼で見た"代数計算"というものがどのようなものであったかを感じさせるものがある．

　フェラリの解法では，"解の公式"が具体的に書かれていないので，多少物足りなく思った読者もおられたかもしれない．それに反し，オイラーの解法では，(25)の解 y_1, y_2, y_3 をカルダーノの公式で表わすことにより，4次方程式の解の公式が得られるのである．それは何と複雑な公式だろう！

歴史の潮騒

　3次方程式の解法の発見は，近世数学がギリシャ以来の幾何学から代数学へと移る歴史的な転機を与えた．このこともあって，これにまつわる歴史的な挿話は数学史の興味あるテーマとして多くの場所で述べられてきた．その中でもとくにカルダーノがタルタリアの解法を盗んだのではないかということに関心が寄せられてきた．手許にある 2,3 の数学史の本を参照して書くと，3次方程式の解法の発見は大体次のような経過であったようである．

　3次方程式の最初の発見者は，タルタリアでもカルダーノでもなく，今日ではほとんど忘れられてしまったボロニア大学で算術と幾何学の教授をしていたスキピオネ・デル・フェロ（Scipione del Ferro : 1465～1526）であった．フェロ自身はその解法を公刊することはなかったのだが，死の直前に学生の1人であったアントニア・マリア・フィオレに教えていた．3次方程式の代数的な解法が存在するといううわさは当時すでに相当広まっていたようで，タルタリア自身が，それに刺激されて研究をはじめるようになったといっている．タルタリアは 1541 年までには 3 次方程式の解法を知っ

たようである．そのことが伝わると，フィオレとタルタリアとの間で，互いに相手の出した30題の問題を一定期間に解くという競技が行なわれた．その結果はフィオレは1題も解けなかったのに，タルタリアは全問を解くというタルタリアの完勝となった．その理由としては，当時は係数は正数しか採用していなかったので，いまでいえば負項は移項して表わすということをしていたため，3次方程式といっても多くのタイプがあった．その中でフィオレの解くことのできるのは $x^3+px=q$ というタイプのものだけだったという事情があった．

フィオレを打ち負かし，3次方程式の解法の発見者と見なされるようになったタルタリア (Niccolò Tartaglia, 1499 (または1500)～1557) はイタリーのブレシアで生まれた．タルタリアというのは，"どもり"というニックネームであった．本当の名前はフォンタナであったと考えられている．タルタリアの父は郵便配達夫であったが，1506年頃亡くなったので，その後，極度の貧困に見舞われた．1512年にブレシアはフランスに攻め落されたが，そのときタルタリアは教会に難を逃れていたが，それでも頭部の5個所に刀傷を負い，その1つが言語障害を起こさせた．1534年頃までには家庭をもち，ヴェニスに移り，サン・ザニポロの教会で数学の講義をし，またいくつかの科学的業績も出版した．

タリタリアの3次方程式の解法がカルダーノによってすっぱぬかれたという歴史的な出来事は，1539年3月25日にカルダーノの招きに応じてタルタリアがカルダーノの自宅を訪問したときを契機として起こった．タルタリアはこのときカルダーノに3次方程式の解法を告げた．カルダーノが1545年にこの結果を発表したとき，タルタリアはカルダーノはこの結果は決して公表しないし，また書くときも暗号を用いてしるすと約束したことに反すると，怒って抗議した．このタルタリアとカルダーノの歴史的な会合の席に，当時18歳であったカルダーノ家の召使いであったフェラリが同席していたが，そのような約束はなかったとカルダーノを弁護した．その後フェラリとタルタリアは互いに他を非難し合い，また数学の挑戦

もし合っていた．このことについてカルダーノ自身は，著書の中で，タルタリアの解の中でなお調べることが多く残っていたが，それは自分が完全なものにしたのである，という意味のことを書いている．

カルダーノは1501年にパビアで生まれた．カルダーノの父は弁護士で医者であった．カルダーノは1539年までにはミラノで医者として一家をなしていたが，とくに見立てがうまいということで有名になりヨーロッパ中に名声を博するほどになった．数学は彼の多くの興味ある事柄の中の1つにすぎなかったのである．彼は暗号作成にも興味をもったし，生涯賭け事から離れることができず，数奇な人生を送った．カルダーノは1576年にローマで亡くなった．

フェラリ（**Luigi Ferrari**, 1522～1565）の4次方程式の解法については，カルダーノはその著『大いなる術』において「それはフェラリによるものである．彼は私の依頼により考案した」と書いている．フェラリは，カルダーノの妹により毒殺されたのではないかともいわれている．

なお，還元不能な場合に3次方程式の解法に cos が使えるのではないかと最初に考えたのは，昨日，"お茶の時間"に話したヴィエタである．またヴィエタは3次方程式の解と係数との間に成り立ついくつかの関係を知っていたが，正の解しか考えていなかったので，その関係をそれ以上一般的に発展させることはなかった．解と係数の関係が明確にいい表わされるようになったのは，1629年にジュラールが『代数学新講』の中でそのことを明らかに述べてからのことである．

先生との対話

教室の中のあちこちで話し合いがはじまって，それから「君，聞いてみないか」などいう声ももれてきた．皆を代表するように小林君が質問に立った．

「3次方程式，4次方程式の解き方はわかりましたが，5次方程式も解けるのですか．」

先生ははっきりと

「いいえ，5次方程式は解けません．5次以上の方程式には解の公式はないのです．」

といわれた．先生があまり断定的にいわれたので皆は少しびっくりした．ちょっと間をおいて明子さんが

「先生がいまおっしゃったことは，私も以前どこかで聞いたことがあるアーベルの定理のことでしょうか．アーベルは5次以上の方程式は代数的に解くことは絶対に不可能であるということを証明したのですね．でもやはり不思議だわ．3次方程式のカルダーノの解法は，4次方程式ではオイラーの解法へと拡張されたのですから，5次方程式 $x^5+ax^3+bx^2+cx+d=0$ を解くときにも——このように4次の項がない場合を考えれば十分と思いますが——，$x=s+u+v+w$ とおいて，どうして同じように求められなかったのでしょうか．」

といった．明子さんの話を引きつぐように山田君が手を上げて発言した．

「4次方程式のデカルトの解法に見ならって，5次方程式を未定係数法を使って（3次式）×（2次式）のように因数分解して，その係数を決めてから解くという方法もありそうに思えます．5次方程式を解くということはむずかしいことでしょうが，こんどは4次方程式が解けるという事実を使ってもよいわけですよね——でもそういってみても，不可能なことは証明されているんだからなぁ．」

最後の方は小声でひとりごとのようにつぶやいた．先生は2人の話を注意深く聞いておられたが，次のように話された．

「カルダーノとフェラリが，1550年頃3次方程式と4次方程式の解法を見出してから，約250年間，数学者もまた数学愛好者の人たちも，何度となく5次方程式の解法に挑戦してみたことでしょう．明子さんや山田君のいったような方法はたぶんたくさんの人によって試みられ，踏み固められた道のようになったに違いありません．しかし，宝の山はすぐ眼の前にあるように見えながら，どの道を通ってもそれは行き止りだったのです．

18世紀末には，5次方程式の代数的解法は不可能かもしれないという考えが生じてきたようです．方程式は代数学の中心にあり，それは四則演算と等式によって関係が記述されていく世界です．5次以上の方程式になると，そこに隠されている未知数は，たとえ方程式の中に示されている関係をどんどん絞りこんでいったとしても，この代数の世界の中では一般には決して捉えられないのです．このような代数学の中から生じた否定的な事態をどのように理解したらよいのかということに，250年の歳月を要したといってもよいのでしょう．」

　道子さんが質問をはさんだ．

　「やさしい形をした5次方程式ならば，解の公式はあるのではないのですか．私が考えたのは，$x^5+a=0$ ならば解はすぐ求められますから（注：解は $\sqrt[5]{-a}, \sqrt[5]{-a}\eta, \sqrt[5]{-a}\eta^2, \sqrt[5]{-a}\eta^3, \sqrt[5]{-a}\eta^4$ （η は1の5乗根））, きっと，$x^5+ax+b=0$ のような形の5次方程式ならば，解の公式があるだろうと思ったのです．」

　「いいえ，$x^5+ax+b=0$ のような形の5次方程式に対しても解の公式を求めることは不可能なのです．このことについては，木曜日に"不可能性の証明"を与えてみようと思っています．すぐにこの証明を知りたいかもしれませんが，皆はそれまで待って下さい．

　この $x^5+ax+b=0$ の解が求められないということは，グラフでいうと $y=x^5$ と直線 $y=-ax-b$ との交点の座標を求める代数的な一般的方法はないということです．この2つのグラフは簡単に描けますから，皆さんはここにちゃんと交点があるのに，と妙な気分になるかもしれません．先生はここで角の3等分の問題を思い出しました．角の3等分の問題とは，古代ギリシャの人たちが，"与えられた角を定規とコンパスだけを用いて3等分せよ"と提起したことからはじまった問題で，2000年以上も難問として人々を悩まし続けました．結局，アーベルの時代になって，これも不可能であることが示されたのです．それは本質的には還元不能な場合の3次方程式を実数の中だけで解を求めようとしたことでした．

　そのような観点に立つと，カルダーノ以後こんどは新しい問題,

$y=x^5$ のグラフと直線との交点を求めよという問題が登場してきたといってもよいのです．こんどは"定規とコンパス"に代って，"代数的に求めよ"という条件がつきました．これらがともに不可能なことが示されるのに，一方は2300年近く，もう一方は250年ほど待たなければなりませんでした．この歴史の過程の中で，角の3等分の不可能が示されたことを1つの契機とするように，ユークリッド幾何学は数学の中心から離れていきましたが，同じようにアーベル，それに引き続くガロアの仕事により，5次方程式の解法の不可能性が示されてから，方程式論は代数学の中心からしだいに外れていったのです．」

問 題

[1] 3次方程式
$$x^3+ax+b=0$$
の3つの解を α, β, γ とする．このときカルダーノの解法に現われた u, v は（順序を無視すれば）

$$u = \frac{1}{3}(\alpha+\omega^2\beta+\omega\gamma)$$

$$v = \frac{1}{3}(\alpha+\omega\beta+\omega^2\gamma)$$

と表わされることを示しなさい．

[2] 3次方程式
$$x^3+6x^2+3x+18=0$$
を解きなさい．

[3] （関数電卓が手許にある人に向けての問題）
3次方程式
$$x^3+3x^2-2x-5=0$$
の3つの実解を，cos を用いる解き方で求めなさい．

［4］次の4次方程式を解きなさい．
$$x^4-3x^2+6x-2=0$$

［5］次の4次方程式を解きなさい．
$$x^4+2x^3+3x^2+2x+3=0$$
（ヒント：$y=x^2+x$ とおく）

お茶の時間

質問 3次方程式の解法で，還元不能な場合，cos の3倍角の公式を使って，解を cos を用いて表わすことができました．同じような考えは，4次方程式やもっと高次の方程式にも適用されないのでしょうか．

答 はっきりしたことを述べることはできないが，三角関数を用いることによって，4次以上の方程式の解を見やすい形で取り出すことはできないのではないかと思う．少なくとも倍角の公式を用いて，3次方程式のときのような考察をすることはできない．

3次方程式の解法に，cos の3倍角の公式を使うことを思い立ったのはヴィエタである．ヴィエタは一般的な公式ではなかったとしても，いくつかの n の値に対しては，$\sin n\theta, \cos n\theta$ を $\sin\theta$ と $\cos\theta$ の整式として表わすことを知っていた．

これについて昨日の"お茶の時間"での話と関連するが，興味ある事実を1つ述べておこう．

ニュートンはヴィエタの結果を読んで，1663～4年頃，$x=\sin\theta$，$y=\sin n\theta$ について次の公式が成り立つことを見出した．
$$y = nx - \frac{n(n^2-1)}{3!}x^3 + \frac{n(n^2-1)(n^2-3^2)}{5!}x^5 - \cdots$$
n が奇数のとき，右辺は n 次式となる．

ところが $n=4m+1$ のとき，この式を y が与えられたとき x を求める n 次方程式と考えると，この方程式は3次方程式のときのカルダーノの公式と似た形の解

$$x = \frac{1}{2}\sqrt[n]{y+\sqrt{y^2-1}}+\frac{1}{2}\sqrt[n]{y-\sqrt{y^2-1}}$$

をもつのである．この公式は，（すべての奇数で成り立つように書いてあるが）1701 年のド・モアブルの文献の中に突如として登場しているそうである．1675 年の未刊のライプニッツ文書の中にも書いてあるそうである．こういう歴史的事実を知ると，数学史の深さを測ることがどれほどむずかしいかということがよくわかる．なお，この解の公式は現在の立場では，$n=4m+1$ のとき

$$(\sin\theta \pm i\cos\theta)^n = \sin n\theta \pm i\cos n\theta \quad \text{（複号同順）}$$

が成り立つことから導くことができる（$y=\sin n\theta$, $\sqrt{1-y^2}=\cos n\theta$ に注意）．

$n=9$ のとき，実際に方程式を書いてみると

$$9x - 120x^3 + 432x^5 - 576x^7 + 256x^9 = y$$

となる．この方程式の 1 つの解が

$$x = \frac{1}{2}\sqrt[9]{y+\sqrt{y^2-1}}+\frac{1}{2}\sqrt[9]{y-\sqrt{y^2-1}}$$

と表わせるなどということは，誰が信ずることができるだろうか．1 つ 1 つの方程式に隠されている謎もまた深いのである．

水曜日

既約性と可約性

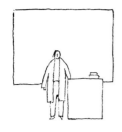

先生の話

　今日のテーマは，皆さんが中学校や高等学校で習ったことのある因数分解と直接結びつく話です．2つの文字 x, y の現われる因数分解としては

$$x^2-2x-y^2+1 = (x-1)^2-y^2 = (x-y-1)(x+y-1)$$

のようなものがあり，3つの文字 x, y, z の現われる因数分解としては

$$x^4+y^4+z^2+x^2y^2+2x^2z+2y^2z$$
$$=(x^2+y^2+z)^2-x^2y^2 = (x^2+y^2-xy+z)(x^2+y^2+xy+z)$$

のようなものがありました．思いつくものを書いてみましたが，どちらもそんなにやさしくない例ですね．

　私たちが今日の話として取り上げるのは，1つの文字の式——整式——の因数分解のことです．そのような例としてすぐ思い出すものは

$$x^2-5x+6 = (x-2)(x-3)$$

です．同じようなものでは

$$x^2+5x-50 = (x+10)(x-5)$$

などがあります．このような因数分解は，それぞれの左辺の式に現われる定数項 6 と -50 を，2つの数の積に分解し，それらを組み合わせ

```
   1      -2              1      10
     ╲  ╱                   ╲  ╱
      ╳                      ╳
     ╱  ╲                   ╱  ╲
   1      -3              1      -5
 ─────────────────      ─────────────────
  -2    -3    -5(和)     10    -5    5(和)
```

として求めるように最初に習いました．因数分解を学ぶこの段階では，

$$x^2-6x+6 \quad \text{や} \quad x^2+5x+50$$

は，定数項 6 と 50 をどのように 2 つの数の積に分解してみても，上の場合と違って因数として分けられるような適当な組合せがみつかりませんので，因数分解の問題としてはこれらの式は登場してき

ません．この段階では，いわば係数から"算術によって"，あるいは別の言い方をすると"四則演算によって"求められるものだけが因数分解の問題として取り上げられています．

2次方程式を習うと，2次方程式を解くということは2次式を因数分解することと，本質的には同じことであることを学びます．したがってこんどは，"x^2-6x+6，$x^2+5x+50$ を因数分解せよ"という問題を提出することができます．この答はそれぞれ

$$x^2-6x+6 = \{x-(3+\sqrt{3})\}\{x-(3-\sqrt{3})\} \qquad (1)$$

$$x^2+5x+50 = \left(x-\frac{-5+5\sqrt{7}}{2}\right)\left(x-\frac{-5-5\sqrt{7}}{2}\right) \qquad (2)$$

です．

前の場合と違うのは，これらの右辺に現われる因数分解の結果は，左辺の式の係数からは四則演算だけでは得られていないということです．x^2-6x+6 の場合には，$\sqrt{3}$ という無理数を1つつけ加える必要がありました．$x^2+5x+50$ のときには，実数の範囲だけでは因数分解は不可能で，新たに虚数単位 i が必要となっています．したがって2次方程式を実解の場合しか解くことを習っていなければ，$x^2+5x+50$ もやはり因数分解できない2次式であるということになります．

因数分解をするときには，数の範囲をどの範囲に限って考えるかが重要なことになります．一番簡単な場合は，係数から四則演算だけで因数分解が求められるときでしょう．それがふつう因数分解の問題として教科書の中に登場してくるものです．2次式のときには，それでうまくいかないときでも，解の形を知った上で $\sqrt{3}$ や i などをつけ加えたところで考えることにすると，上のように因数分解できます．

実際はどんな n 次の整式も，代数学の基本定理によって複素数の中で考えると必ず1次の因数に分解されます．しかし2次式のときと違って，一般には解の形を具体的に求めることはできません．そこで，今日私たちに関心のある問題は，複素数のような広い数の範囲を設定しておかなくて数の範囲をあらかじめ特定して考えたと

き，その中では整式はもう因数分解できなくて元素のようになっているのか，あるいはその中でもまだ化合物のようになっていてさらに細かく因数に分解されるのか，というようなことです．たとえば3次式

$$x^3+2$$

は有理数の中ではもうこれ以上因数分解できず，元素のように1つにまとまった整式に見えますが，この場合は3次式ですから，分解していく状況はよくわかって有理数にさらに $\sqrt[3]{2}$ をつけ加え，そこで四則演算して得られる数の範囲で考えると

$$x^3+2 = (x+\sqrt[3]{2})\{x^2-\sqrt[3]{2}\,x+(\sqrt[3]{2})^2\} \qquad (3)$$

と因数分解されます．さらに1の3重根 ω までつけ加え，ω^2 も考えてよいことにすると

$$x^3+2 = (x+\sqrt[3]{2})(x+\omega\sqrt[3]{2})(x+\omega^2\sqrt[3]{2}) \qquad (4)$$

と完全に因数分解されます．

一般的な n 次式に対してこのような話をするにあたっては，まず"数の範囲"という概念を明確にしておかなくてはなりません．今日はそこから話をはじめることにしましょう．

体

> **定義** 複素数の集り $\mathbf{K}$ があって，$\mathbf{K}$ の中では四則演算が自由にできるとき，$\mathbf{K}$ を体(たい)という．

すなわち，$\mathbf{K}$ は複素数のある集りであって

$$\alpha, \beta \in \mathbf{K} \quad \text{ならば} \quad \alpha \pm \beta \in \mathbf{K}, \quad \alpha\beta \in \mathbf{K}, \quad \frac{\alpha}{\beta} \in \mathbf{K} \quad (\beta \neq 0)$$

をみたすとき $\mathbf{K}$ を体というのである．

♣ ここでは複素数の中でひとまず定義しておいたが，実際は体は抽象代数学の立場では数の考えにこだわらずに，もっと抽象的に定義している．集合の中に，四則演算の規則が定義されているようなものを一般に体というのである．なお，体という訳語はドイツ語の Körper に由来している．

英語では field という.

　有理数の全体は体となっている．これを**有理数体**といい $\mathbf{Q}$ で表わす．また，0 を 1 つだけとっただけでも体になっているが，この特殊な体は以下では考えないことにする．そうするとどんな体 $\mathbf{K}$ をとっても，$\mathbf{K}$ はその一部分として有理数体 $\mathbf{Q}$ を含んでいることがわかる：$\mathbf{K} \supset \mathbf{Q}$．実際，$\mathbf{K}$ から 0 でない数 α を 1 つとると，$\frac{\alpha}{\alpha} = 1 \in \mathbf{K}$ となり，これから $\overbrace{1+1+\cdots+1}^{n} = n \in \mathbf{K}$ となって自然数は $\mathbf{K}$ に含まれることになる．$\mathbf{K}$ の中では四則演算が自由にできることから，したがってまたすべての有理数は $\mathbf{K}$ に含まれる．

　実数全体，複素数全体も体となっている．これらをそれぞれ**実数体**，**複素数体**といい，$\mathbf{R}$ と $\mathbf{C}$ で表わす．

　有理数体 $\mathbf{Q}$ に $\sqrt{3}$ をつけ加えて得られる体を $\mathbf{Q}(\sqrt{3})$ で表わす．すなわち $\mathbf{Q}(\sqrt{3})$ の数は，有理数と $\sqrt{3}$ から四則演算によって組み立てられる数である．そうはいっても実際は，$(\sqrt{3})^2 = 3 \in \mathbf{Q}$ であり，また $a, b, c, d \in \mathbf{Q}$ に対して

$$\frac{a+b\sqrt{3}}{c+d\sqrt{3}} = \frac{(a+b\sqrt{3})(c-d\sqrt{3})}{c^2-3d^2} = \frac{ac-3bd}{c^2-3d^2} + \sqrt{3}\,\frac{bc-ad}{c^2-3d^2}$$

が成り立つから，$\mathbf{Q}(\sqrt{3})$ の数は

$$a + b\sqrt{3} \quad (a, b \in \mathbf{Q})$$

と表わされる数からなる．同じように有理数体 $\mathbf{Q}$ に虚数単位 i をつけ加えて得られる体を $\mathbf{Q}(i)$ で表わす．$\mathbf{Q}(i)$ に属している数は

$$a + bi \quad (a, b \in \mathbf{Q})$$

と表わされる．

　一般に体 $\mathbf{K}$ と複素数 α が与えられたとき，$\mathbf{K}$ に属する数と α から四則演算を繰り返し行なって得られるような数全体は体をつくる．これを $\mathbf{K}$ に **α を添加して得られる体**といって $\mathbf{K}(\alpha)$ で表わす．$\alpha \in \mathbf{K}$ ならばもちろん $\mathbf{K}(\alpha) = \mathbf{K}$ である．一般に $\mathbf{K}(\alpha)$ の元は

$$\frac{a_0 + a_1\alpha + \cdots + a_n\alpha^n}{b_0 + b_1\alpha + \cdots + b_m\alpha^m} \quad (a_i, b_j \in \mathbf{K})$$

と表わされる数からなる．（この分母，分子は $\mathbf{K}$ の元と α を何回

か足したり，かけたりして得られる数を表わしている.)

体 K 上の整式，既約性と可約性

最初に体 K が与えられているとしよう．整式
$$a_0x^n+a_1x^{n-1}+\cdots+a_{n-1}x+a_n \qquad (5)$$
で，係数 $a_0, a_1, \cdots, a_{n-1}, a_n$ がすべて K に属するとき，この整式を **K 上で定義された整式**という．(5)が K 上で定義されているときは，$a_0 \neq 0$ のとき整式
$$f(x) = x^n+\frac{a_1}{a_0}x^{n-1}+\cdots+\frac{a_{n-1}}{a_0}x+\frac{a_n}{a_0} \qquad (5)'$$
も また K 上で定義されている整式となる．そのためこれからは，最高次の係数が 1 であるような整式をおもに考えていくことにしよう．

> **定義** K 上で定義された整式 $f(x)$ が，K 上で定義された1次以上の整式 $g(x), h(x)$ によって
> $$f(x) = g(x)h(x) \qquad (6)$$
> と表わされるとき，$f(x)$ は **K で可約**であるという．そして (6)を，**K における f の因数分解**という．
>
> K 上で定義された整式 $f(x)$ が K で可約でないとき，f は **K で既約**であるという．

たとえば "先生の話" に出てきた整式の例でいうと x^2-5x+6 は $\mathbf{Q}$ 上可約である．x^2-6x+6 は $\mathbf{Q}$ 上既約であるが，$\mathbf{Q}(\sqrt{3})$ 上では可約となる((1)参照)．$x^2+5x+50$ は $\mathbf{Q}$ 上既約であるが，$\mathbf{Q}(i)$ 上では可約となる((2)参照)．

また 3 次式 x^3+2 は $\mathbf{Q}$ 上既約であるが，$\mathbf{Q}(\sqrt[3]{2})$ では可約となる((3)参照)．しかし $\mathbf{Q}(\sqrt[3]{2})$ では x^3+2 はまだ 1 次の因数には分解されない．x^3+2 は $\mathbf{Q}(\sqrt[3]{2}, \omega)$ ではじめて 1 次式の積に分解される((4)参照)．ここで $\mathbf{Q}(\sqrt[3]{2}, \omega)$ と書いたのは，$\mathbf{Q}$ に $\sqrt[3]{2}$ と ω を添加して得られる体である．それは有理数と $\sqrt[3]{2}$ と ω に対して四則

演算を繰り返して適用することにより得られる数全体からなる体である．

$f(x)$ を **K** における整式とする．$f(x)$ が可約ならば，(6)のように $f(x)=g(x)h(x)$ と因数分解することができる．もしここで，たとえば $g(x)$ が **K** 上で可約ならば，$g(x)$ を $g_1(x)g_2(x)$ とさらに因数分解できる．このようにして，$f(x)$ の因数の中に **K** 上で可約なものがあるときには，さらにそれを因数分解していくということを繰り返していくと，最後に $f(x)$ は **K** 上既約な因数に分解していくことができる．すなわち次の定理の前半が成り立つことがわかった．

> **定理** $f(x)$ を **K** 上の整式とする．このとき
> （ｉ） $f(x) = g_1(x)g_2(x)\cdots g_k(x)$ (7)
> と表わすことができる．ここで $g_i(x)$ $(i=1,2,\cdots,k)$ は **K** 上既約な整式である．
> （ⅱ） (ⅰ)のような $f(x)$ の分解は，**K** の 0 でない元をかけることを除いて本質的に 1 通りである．

(ⅱ)で述べている "**K** の 0 でない元をかけることを除いて" というのは，(7)のような分解があれば，当然 **K** の元 α ($\neq 0$) に対して

$$f(x) = \alpha g_1(x)\frac{1}{\alpha}g_2(x)g_3(x)\cdots g_k(x)$$

のような分解がある．このような f の因数分解は(7)と実質的には同じものであると考えるということである．

> **定義** 定理で述べられている $f(x)$ の因数分解を，f の **K** における **素元分解** という．

たとえば x^4-2 は $\mathbf{Q}(\sqrt[4]{2})$ で
$$x^4-2 = (x-\sqrt[4]{2})(x+\sqrt[4]{2})(x^2+\sqrt{2})$$
と素元分解される（$\sqrt{2}=\sqrt[4]{2}\sqrt[4]{2}\in\mathbf{Q}(\sqrt[4]{2})$ に注意）．

定理の(ⅱ)は素元分解の一意性とよばれているものであるが，その証明は簡単ではない．定理の(ⅱ)が成り立つことは，自然数の素

因数分解の一意性の証明と同じように，本質的には，整式の間でユークリッドの互除法が可能であることによっている．このことについてこれから述べてみよう．

ユークリッドの互除法

体 $\mathbf{K}$ 上の整式 f に対し，$\deg f$ により f の次数を表わすことにする．したがって(5)で $a_0 \neq 0$ のとき，または(5)′の f に対しては $\deg f = n$ となる．

さて，$\mathbf{K}$ 上の整式 f, g に対し，$\deg f \geqq \deg g$ のとき f を g で割って

$$f(x) = q(x)g(x) + p(x), \quad \deg p < \deg g$$

と表わすことができる．この割り算の商 $q(x)$，余り $p(x)$ の係数は，$f(x), g(x)$ の係数から四則演算によって求められるから，$q(x)$, $p(x)$ もまた $\mathbf{K}$ 上の整式である．したがって体 $\mathbf{K}$ の上で，f, g から出発して**ユークリッドの互除法**が可能となる．すなわち

$$f(x) = q_0(x)g(x) + p_1(x) \quad \deg p_1 < \deg g$$
$$g(x) = q_1(x)p_1(x) + p_2(x) \quad \deg p_2 < \deg p_1$$
$$p_1(x) = q_2(x)p_2(x) + p_3(x) \quad \deg p_3 < \deg p_2$$
$$\cdots\cdots$$
$$p_{n-2}(x) = q_{n-1}(x)p_{n-1}(x) + p_n(x) \quad \deg p_n < \deg p_{n-1}$$
$$p_{n-1}(x) = q_n(x)p_n(x)$$

のような演算が可能である．余りとして現われた $p_1, p_2, \cdots$ の次数はしだいに減少するから，この操作は有限回で終るのである．最後に現われた $p_n(x)$ は $\mathbf{K}$ 上の整式である．この式の下の行からしだいに上へと見ていくと，順次右辺が $p_n(x)$ で割りきれることがわかり，したがって最上の行に到達して，$f(x)$ と $g(x)$ が $p_n(x)$ で割りきれることがわかる．

次に，$f(x)$ と $g(x)$ を割りきる整式 $h(x)$ を1つとってみる．このとき一番上の行を見ると $h(x)$ は $p_1(x)$ を割りきることがわかる．以下順に下の行へと降りていくと，最後から2番目の行のところで，

$h(x)$ は $p_n(x)$ を割りきることがわかる.

このことから $p_n(x)$ は $f(x)$ と $g(x)$ を割りきる整式であって,そのような整式の中で最大次数のものであることがわかる. $p_n(x)$ を $f(x)$ と $g(x)$ の**最大公約元**という. 最大公約元は,定数倍を除いてただ1つ決まる.

ユークリッドの互除法は,単に最大公約元 $p_n(x)$ を求めるアルゴリズムを与えているだけでなく,さらにこの最大公約元 $p_n(x)$ に対してよい情報を与えてくれる. それをみるためにユークリッドの互除法を下の行から

$$p_n = -q_{n-1}p_{n-1} + p_{n-2}$$
$$p_{n-1} = -q_{n-2}p_{n-2} + p_{n-3}$$
$$p_{n-2} = -q_{n-3}p_{n-3} + p_{n-4}$$
$$\cdots\cdots$$
$$p_1 = -q_0 g + f$$

と書き直してみて,この第1番目の式の左辺に現われている p_n に注目してみよう. 2番目の式を使うと, p_n を表わす1番目の式の右辺に現われる p_{n-1} と p_{n-2} は, p_{n-2}, p_{n-3} でおきかえられることがわかる. 3番目の式を使うと,さらにこれを p_{n-3}, p_{n-4} でおきかえることができる. この操作を繰り返していくと,結局最後には $f(x), g(x)$ が現われて, p_n は適当な **K** 上の整式 $u(x), v(x)$ をとると

$$p_n(x) = u(x)f(x) + v(x)g(x) \tag{8}$$

と表わされることがわかる.

> **定義** f と g の体 **K** 上の最大公約元が定数($\neq 0$)となるとき, f と g は**互いに素**であるという.

$p_{n-1} = q_n p_n$ で定数は q_n の方へ繰り入れることができるから, f と g が互いに素であるときには,はじめから $p_n(x) = 1$ であるとしてよい. したがって(8)から f と g が素のときには,適当な **K** 上の整式 u, v をとると

$$u(x)f(x) + v(x)g(x) = 1 \tag{9}$$

が成り立つ．

(9)から次のことを導くことができる．

> (*) $f(x)h(x)$ が $g(x)$ で割りきれ，$f(x)$ と $g(x)$ が互いに素ならば，$h(x)$ が $g(x)$ で割りきれる．

［証明］(9)の両辺に $h(x)$ をかける：
$$u(x)f(x)h(x)+v(x)g(x)h(x) = h(x)$$
この左辺が $g(x)$ で割りきれるのだから，右辺 $h(x)$ も $g(x)$ で割りきれる． （証明終り）

ここで $f(x)$ の素元分解の一意性の定理(ii)の証明にもどることにしよう．そのためまず $g(x)$ と $\tilde{g}(x)$ がともに既約で，$g(x)=\alpha\tilde{g}(x)$ ($\alpha\in\mathbf{K}, \alpha\neq 0$) でないとすると，$g(x)$ と $\tilde{g}(x)$ は互いに素であることを注意しよう．実際，もし g と $\tilde{g}$ が素でなければ，最大公約元 p は，$1\leqq\deg p<\deg g$ をみたし，g と $\tilde{g}$ を割りきる $\mathbf{K}$ の整式だから，これは g と $\tilde{g}$ の既約性に反することになる．

いま $f(x)$ が2通りに素元分解されたとして，それを
$$f(x) = g_1(x)g_2(x)\cdots g_k(x) = \tilde{g}_1(x)\tilde{g}_2(x)\cdots\tilde{g}_l(x) \quad (10)$$
とする．この2つの分解の g_1 と $\tilde{g}_1$ にまず注目することにして
$$f(x) = g_1(x)G_1(x) = \tilde{g}_1(x)\tilde{G}_1(x)$$
とおく．このとき
$$g_1 = \alpha\tilde{g}_1 \quad (\alpha\in\mathbf{K},\ \alpha\neq 0)$$
が成り立つか，またはすぐ上に注意したことから g_1 と $\tilde{g}_1$ は互いに素である．最初の場合には g_1 は $\tilde{g}_1$ と定数倍を除いて一致している．あとの場合には(*)から $\tilde{g}_1(x)$ は $G_1(x)$ を割りきっている．このときには $G_1(x)$ を $\tilde{g}_1(x)G_2(x)$ と書き，また $\tilde{G}_1(x)$ を $\tilde{g}_2(x)\tilde{G}_2(x)$ と書くと，この結果は
$$g_1(x)G_2(x) = \tilde{g}_2(x)\tilde{G}_2(x)$$
と表わされる．同様の論法で $g_1(x)$ は $\tilde{g}_2(x)$ と定数倍を除いて一致するか，または $\tilde{g}_2(x)$ は $G_2(x)$ を割りきる．この論法を繰り返すと，$g_1(x)$ は定数倍を除いてある $\tilde{g}_i(x)$ と一致することがわかる．

そこで(10)の両辺から $g_1(x)$ と $\tilde{g}_i(x)$ を除いて，同じ論法を繰り返していくと，(10)の左辺に現われる因数が，定数倍を除いて右辺の1つの因数と一致していることがわかる．

左辺と右辺をとりかえて同じ論法を繰り返すと結局(10)で $k=l$ であり(10)の両辺に現われる因数が，全体として定数倍を除いて一致していることがわかる．これで素元分解の一意性が証明された．

(証明終り)

代数的数

代数的な立場に立つとき，複素数は大きく2つのクラスにわかれる．1つのクラスに属する数は，適当な自然数 n をとると，**Q** 上の n 次方程式

$$x^n + a_1 x^{n-1} + \cdots + a_{n-1}x + a_n = 0$$

の解として得られるような数である．たとえば

$$5-3i \quad や \quad \sqrt[5]{\frac{3+\sqrt{19}i}{2}}$$

のような数がそうである．実際，$5-3i$ は $x^2-10x+34=0$ の解であり，あとに書いてある数は $x^{10}-3x^5+7=0$ の解になっている．

これに反し，**Q** 上のどんな代数方程式をとってきても決してその解とはならないような数がある．たとえば円周率 π や自然対数の底 e や $2^{\sqrt{2}}$ などがそのような数であることが知られている．

Q 上の方程式の解となる数を**代数的数**，そうでない数を**超越数**という．代数的数にくらべて，超越数ははるかに多く存在している．この"はるかに多く"という感じは，数直線上で有理点が薄く分布し，それにくらべると"はるかに多く"の無理点が厚く分布しているという状況にたとえられるものである．

この代数的数と超越数という定義は，有理数体 **Q** に立ったときの一般的な広い定義である．しかし方程式論の立場では，体 **K** 上で定義された整式 $f(x)$ を 0 とおいて得られる方程式，すなわち体 **K** 上の方程式という概念に注目することが中心課題となる．し

たがって，体 **K** 上の代数的数という概念もまたそれにしたがって大切なものとなってくる．そこで次の定義をおく．

> **定義** 体 **K** 上の方程式の解となる数を，体 **K** 上の**代数的数**という．

いま体 **K** 上の代数的数を1つとり，それを θ としよう．θ は **K** 上の方程式をみたしているが，そのような方程式の中で**次数が最小**，かつ**最高次の係数が 1** となっている**方程式**に注目することにする．この方程式を

$$f(x) = x^n + a_1 x^{n-1} + \cdots + a_{n-1} x + a_n$$

とする．$f(x)$ を θ の**最小多項式**という．

いま **K** 上の整式 $g(x)$ をとったとき $g(\theta)=0$ が成り立ったとする．このとき $g(x)$ は必ず θ の最小多項式 $f(x)$ で割りきれる．なぜなら，$g(x)$ を $f(x)$ で割って $g(x)=q(x)f(x)+p(x)$ とすると，$\deg p < \deg f$ で $p(\theta)=0$ となるから，f が最小多項式となることから $p(x)=0$ が結論されるからである．

とくにこのことから，**K** 上の整式 $g(x)$ が既約で $g(\theta)=0$ をみたしていれば，$g(x)$ は定数倍を除いて，θ の最小多項式となることがわかる．

θ が代数的数のときの $\mathbf{K}(\theta)$ の構造

f と g が互いに素なとき，ユークリッドの互除法の結果として (9) が成り立つ．この事実を応用して得られる定理をもう1つ述べてみることにする．57頁で示したように $\mathbf{Q}(\sqrt{3})$ に属している数はすべて $a+b\sqrt{3}$ $(a, b \in \mathbf{Q})$ と表わされる．分母の有理化によって，$\sqrt{3}$ が分母にくるような表現はとらなくても，$\mathbf{Q}(\sqrt{3})$ の数が表わされるのである．実は同様なことは，体 **K** に対し，**K** 上の代数的数 θ を添加した場合にも成り立つ．すなわち次の定理が成り立つ．この定理の証明に本質的に (9) が使われるのである．

定理 体 $\mathbf{K}$ 上の代数的数を θ とし，θ の最小多項式の次数を n とする．このとき $\mathbf{K}(\theta)$ の元はただ 1 通りに
$$a_0+a_1\theta+a_2\theta^2+\cdots+a_{n-1}\theta^{n-1} \qquad (a_i\in\mathbf{K})$$
と表わされる．

［証明］まず表現の一意性を証明しよう．すなわち $\mathbf{K}(\theta)$ の元 x が
$$\begin{aligned}x &= a_0+a_1\theta+\cdots+a_{n-1}\theta^{n-1}\\ &= b_0+b_1\theta+\cdots+b_{n-1}\theta^{n-1}\end{aligned}$$
と 2 通りに表わされるならば $a_0=b_0,\ a_1=b_1,\ \cdots,\ a_{n-1}=b_{n-1}$ が成り立つことを示そう．それには
$$\begin{aligned}\tilde{\varphi}(x) &= a_0+a_1x+\cdots+a_{n-1}x^{n-1}\\ \tilde{\phi}(x) &= b_0+b_1x+\cdots+b_{n-1}x^{n-1}\end{aligned}$$
とおくと，$\tilde{\varphi}(x)-\tilde{\phi}(x)$ は $\mathbf{K}$ 上の整式で，次数は最小多項式の次数より低い $n-1$ 次以下である．したがって $\tilde{\varphi}(\theta)-\tilde{\phi}(\theta)=0$ により $\tilde{\varphi}(x)-\tilde{\phi}(x)=0$ となり，$a_0=b_0,\ a_1=b_1,\ \cdots,\ a_{n-1}=b_{n-1}$ が成り立つ．

θ の最小多項式を $f(x)$ とする．$\mathbf{K}(\theta)$ の元は一般に
$$\frac{\varphi(\theta)}{\phi(\theta)} \tag{11}$$
と表わされる．$\varphi(x),\phi(x)$ は $\mathbf{K}$ 上の整式であるが
$$\deg\varphi,\ \deg\phi\leqq n-1$$
ととることができることを注意しておこう．なぜなら，たとえば $\deg\varphi\geqq n$ ならば，$\varphi(x)$ を $f(x)$ で割って
$$\varphi(x) = q(x)f(x)+\varphi_1(x) \qquad \deg\varphi_1\leqq n-1$$
とすると，$\varphi(\theta)=q(\theta)f(\theta)+\varphi_1(\theta)=\varphi_1(\theta)$ となり，$\varphi(\theta)$ のかわりに $\varphi_1(\theta)$ をとることができるからである．

そこで (11) の分母 $\phi(\theta)$ を考えよう．$\deg\phi\leqq n-1$ だから，ϕ と f は互いに素である．そうでなかったら，ϕ と f の最大公約元 $\tilde{p}$ は次数が n より低くて，$\tilde{p}(\theta)=0$ となってしまう．これは f が θ の最小多項式であることに反する．したがって ϕ と f に (9) を適用すると，適当な $\mathbf{K}$ 上の整式 $u(x),v(x)$ が存在して

$$u(x)f(x)+v(x)\phi(x)=1$$

となることがわかる．この式で x に θ を代入すると，$f(\theta)=0$ により

$$v(\theta)\phi(\theta)=1$$

となる．したがって $v(\theta)=\dfrac{1}{\phi(\theta)}$ となり，(11)は

$$\frac{\varphi(\theta)}{\psi(\theta)}=v(\theta)\varphi(\theta)$$

となる．すなわち，$\mathbf{K}(\theta)$ の元は，θ の整式 $v(\theta)\varphi(\theta)$ として表わされる．この整式の次数は上に示したように $n-1$ 次以下にとることができる．これで証明された． (証明終り)

ガウスの補助定理

　私たちが整式に出会うときには，ふつうはその係数は整数となっている．そのような整式を因数分解していく過程で，私たちはまず整数の範囲で因数分解することを試みるが，それが成功しないときには有理数や $\sqrt{2}$ や $\sqrt{3}$ や，また複素数を係数にもつ整式を考察の範囲に入れる必要が生じてくる．その過程を追うという意味からいえば，体 $\mathbf{K}$ 上の整式という考えは大切であるが，一方ではこの観点と，整係数の整式がいつ**整数の範囲で因数分解される**かというような問題との接点を探っておくことも必要である．たとえば $\mathbf{Q}$ 上の整式とみたときには

$$15x^4-25x^3+69x^2+10x-30=150\left(\frac{1}{5}x^2-\frac{1}{3}x+1\right)\left(\frac{1}{2}x^2-\frac{1}{5}\right)$$

と因数分解される．いまの場合，右辺の最初におかれた 150 を各因数に 15 と 10 として配分してみると

$$15x^4-25x^3+69x^2+10x-30=(3x^2-5x+15)(5x^2-2)$$

となり，実際は整数の範囲で因数分解されている．

　整係数の整式が，$\mathbf{Q}$ 上の整式とみて因数分解されるならば，この例のように適当に因数を配分すれば，必ず整係数の整式による因数分解として書き改めることができるのだろうか．この基本的な疑

問に答えるのが，次のガウスの補助定理として引用されるものである．この補助定理の述べ方は，整係数の整式が整数の範囲で因数分解できないならば，有理数の範囲でも因数分解できないという表現をとっている．

> **定理**（ガウスの補助定理）　整数を係数とする整式
> $$f(x) = x^n + c_1 x^{n-1} + c_2 x^{n-2} + \cdots + c_{n-1} x + c_n$$
> を考える．もし $f(x)$ が整数を係数とする 2 つの整式の積として表わせないならば，$f(x)$ は $\mathbf{Q}$ 上の 2 つの整式の積としても表わせない．すなわち $f(x)$ は $\mathbf{Q}$ 上既約である．

［ガウスの補助定理の証明］$f(x)$ は $\mathbf{Q}$ 上既約でなかったとして，有理数を係数とする 2 つの 1 次以上の整式の積として
$$f(x) = g(x) h(x)$$
と表わされたとしよう．証明が見やすいように
$$g(x) = \alpha_0 + \alpha_1 x + \cdots + \alpha_{l-1} x^{l-1} + \alpha_l x^l \quad (l \geqq 1)$$
$$h(x) = \beta_0 + \beta_1 x + \cdots + \beta_{m-1} x^{m-1} + \beta_m x^m \quad (m \geqq 1)$$
と表わしておく．$g(x)$ の係数 $\alpha_0, \alpha_1, \cdots, \alpha_{l-1}, \alpha_l$ を分数として表わしたとき，その分母の最小公倍数 A をとって分母を外にくくり出し，次にそのとき残っている係数の（整数！）最大公約数を A' とし，これも外にくくり出すと $g(x)$ は
$$g(x) = \frac{A'}{A} (\tilde{a}_0 + \tilde{a}_1 x + \cdots + \tilde{a}_{l-1} x^{l-1} + \tilde{a}_l x^l) \qquad (12)$$
の形となる．ここで $\tilde{a}_0, \tilde{a}_1, \cdots, \tilde{a}_{l-1}, \tilde{a}_l$ は整数で，最大公約数は 1 である．この操作は，たとえば $g(x) = \dfrac{105}{4} - \dfrac{35}{3} x + \dfrac{7}{2} x^2$ のときには
$$g(x) = \frac{7}{12} (45 - 20 x + 6 x^2)$$
と書き直すということである．

同じ操作を $h(x)$ にも行なって
$$h(x) = \frac{B'}{B} (\tilde{b}_0 + \tilde{b}_1 x + \cdots + \tilde{b}_{m-1} x^{m-1} + \tilde{b}_m x^m) \qquad (13)$$
とする．ここで $\tilde{b}_0, \tilde{b}_1, \cdots, \tilde{b}_{m-1}, \tilde{b}_m$ は整数で最大公約数は 1 である．

いま (12) と (13) をそれぞれ

$$g(x) = \frac{A'}{A}\tilde{g}(x), \quad h(x) = \frac{B'}{B}\tilde{h}(x)$$

と書く．このとき $\tilde{g}(x), \tilde{h}(x)$ は整数を係数とする整式で係数の最大公約数は 1 となっているが，これから示すように $\tilde{g}(x)\tilde{h}(x)$ の係数の最大公約数もまた 1 となる．

以下はその証明である．$\tilde{g}(x)\tilde{h}(x)$ の係数の最大公約数 d が 1 より大きいとして矛盾の生ずることをみよう．d を割る素数 p を 1 つとっておくと，$\tilde{g}(x)\tilde{h}(x)$ の係数はすべて p で割りきれることになる．$\tilde{g}(x)$ の係数 $\tilde{a}_0, \tilde{a}_1, \cdots, \tilde{a}_l$ の最大公約数は 1 であり，$\tilde{h}(x)$ の係数 $\tilde{b}_0, \tilde{b}_1, \cdots, \tilde{b}_m$ の最大公約数も 1 だから，ある s, t があって

$\tilde{a}_0, \tilde{a}_1, \cdots, \tilde{a}_{s-1}$ は p で割れるが，$\tilde{a}_s$ は p で割れない

$\tilde{b}_0, \tilde{b}_1, \cdots, \tilde{b}_{t-1}$ は p で割れるが，$\tilde{b}_t$ は p で割れない

となる．そこで $\tilde{g}(x)\tilde{h}(x)$ における x^{s+t} の係数を見てみると

$$\tilde{a}_0\tilde{b}_{s+t} + \tilde{a}_1\tilde{b}_{s+t-1} + \cdots + \tilde{a}_{s-1}\tilde{b}_{t+1} + \tilde{a}_s\tilde{b}_t + \tilde{a}_{s+1}\tilde{b}_{t-1} + \cdots + \tilde{a}_{s+t}\tilde{b}_0$$

となり，$\tilde{a}_s\tilde{b}_t$ 以外の項はすべて p で割れ，$\tilde{a}_s\tilde{b}_t$ は p で割れないということになっている．したがって x^{s+t} の係数は p で割れない．これは仮定したことに矛盾している．これで $\tilde{g}(x)\tilde{h}(x)$ の係数の最大公約数が 1 であることが証明された．

ガウスの補助定理の証明へともどろう．

$$f(x) = g(x)h(x), \quad g(x) = \frac{A'}{A}\tilde{g}(x), \quad h(x) = \frac{B'}{B}\tilde{h}(x)$$

だから

$$ABf(x) = A'B'\tilde{g}(x)\tilde{h}(x)$$

となる．$f(x)$ は整数を係数としており，$\tilde{g}(x)\tilde{h}(x)$ の係数の最大公約数は 1 だから，この式は $A'B'$ が AB で割りきれなくてはならないことを意味している．$A'B' = ABC$ とおくと $f(x) = C\tilde{g}(x)\tilde{h}(x)$ となる．$C\tilde{g}(x), \tilde{h}(x)$ は整数を係数とする整式である．

すなわち，$f(x)$ が $\mathbf{Q}$ 上で可約であると仮定すると，$f(x)$ は整数を係数とする 2 つの整式の積として表わされることになる．この対偶をとるとガウスの補助定理の形となる． （証明終り）

アイゼンシュタインの定理

ガウスの補助定理を背景において，ここでは次の有名なアイゼンシュタインの定理を証明しよう．

> **定理** 整数を係数とする整式
> $$x^n + a_1 x^{n-1} + a_2 x^{n-2} + \cdots + a_{n-1} x + a_n$$
> で，係数 $a_1, a_2, \cdots, a_n$ はすべてある素数 p で割りきれるが，定数項 a_n は p^2 では割りきれないとする．このときこの整式は $\mathbf{Q}$ 上既約である．

[証明] ガウスの補助定理によって，$f(x)$ が整係数の整式として表わされないことをいえば十分である．そこでいま $f(x)$ が整係数の2つの整式 $g(x)$ と $h(x)$ によって

$$f(x) = g(x) h(x) \tag{14}$$

と因数分解されたとして，矛盾の生ずることをみることにしよう．そのため $\deg g = l$, $\deg h = m$ として

$$g(x) = b_0 x^l + b_1 x^{l-1} + \cdots + b_{l-1} x + b_l$$
$$h(x) = c_0 x^m + c_1 x^{m-1} + \cdots + c_{m-1} x + c_m$$

とおくと，(14)の両辺の x^n の係数と，定数項を比較して

$$1 = b_0 c_0 \tag{15}$$
$$a_n = b_l c_m \tag{16}$$

という関係式が得られる．(15)から b_0, c_0 は ± 1 である．また(16)からは，a_n についての仮定を参照すると，b_l, c_m の一方は p で割れるが，一方は p で割れないということがわかる．いま b_l は p で割れるが，c_m は p で割れないとしよう．このとき $g(x)$ の係数 $b_0, b_1, \cdots, b_{l-1}, b_l$ を見ると，b_0 は ± 1 だからある j ($0 \leqq j < l$) があって，$b_{j+1}, \cdots, b_l$ は p で割れるが，b_j は p では割れないという状況が起きている．そこで(14)の両辺の x^{l-j} の係数を比較すると

$$a_{n-(l-j)} = \sum_{s=0}^{l-j} b_{j+s} c_{m-s}$$

となる．この左辺は仮定から p で割りきれる．右辺は少しわかりにくいので，右辺に現われるかけ算を図式化して矢印で表わすと

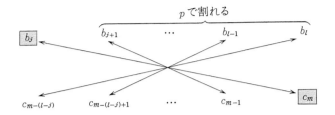

となる．この図式を見ると，右辺の $\sum$ の中で $b_j c_m$ の項だけ p で割れず，ほかの項はすべて p で割りきれていることがわかる．したがって右辺は p で割りきれない．

このようにして左辺は p で割りきれ，右辺は p で割りきれないことになり矛盾が生じた．したがって背理法により，$f(x)$ は既約であることがわかった． （証明終り）

歴史の潮騒

既約性と可約性のようなことが，はっきりと論ぜられるようになったのは 1820 年代以降のことと思われる．アーベルが 5 次以上の方程式が代数的には解けないことを発表したのは 1826 年のことである．整式や方程式に対し，個々の特別な場合から，しだいに一般的な枠組みの中で考えようとする風潮が生じてきたのは，やはりこの頃からだろう．1799 年にガウスが代数学の基本定理を証明し，一般理論の背景に複素数をおくことを明確にしたことも，このような流れに対して深い意味があったのかもしれない．アイゼンシュタインの既約性の定理は有名であるが，歴史的な事情については詳しいことは知らない．1846 年のクレルレ誌上に，シェーネマンが同じ定理を証明しているので，シェーネマンの定理として引用している本もある．

今日の中心的な話と少しそれるが，ほかの場所で話す機会もないので，代数的数と超越数について，少しその歴史的なことを述べて

おこう.

　円周率 π は超越数である，すなわち π は代数的な数ではない，ということは，どんな自然数 n と有理数 $a_1, a_2, \cdots, a_n$ をとってみても $\pi^n + a_1\pi^{n-1} + a_2\pi^{n-2} + \cdots + a_{n-1}\pi + a_n \neq 0$ ということである．この事実は 1882 年になってリンデマンによってはじめて証明された．しかしここに至るまでには長い歴史があった．

　古代ギリシャの人たちは，"円の平方化"の問題を考え続けていた．それは円と等しい面積もつ正方形を作図でつくるという問題であった．哲学者アナクサゴラス（B.C. 500 頃～B.C. 428）は，牢獄の中でこの問題を考え続けていたという．喜劇作者アリストファネスは，戯曲『鳥』の中で，"円の平方化"に取り組んでいる人を，不可能なことに挑む人になぞらえている．このことをみると，当時ギリシャではこの問題に対していろいろな試みがされていたのだろう．その後多くの試みにかかわらず，2000 年以上にわたって，この問題は解けることはなかったのである．しかし 18 世紀になると，数学者の間ではこの問題は不可能なのであろうと考えられるようになった．

　この"円の平方化"の問題は，代数的に見れば，π が代数的数かという問題と密接に関連している．作図で用いるのは定規とコンパスである．与えられた 1 つの線分から出発して，定規とコンパスを用いて線分と円を作図し，それらの図形どうしのつくる交点を求め，交点を結ぶ線分を用いて，同様のことを何度も行なっていく．この作図の過程を詳しく調べてみると，"円の平方化"の問題は，最初に与えられた円の半径を 1 として長さの規準をとると，結局 $x^2 = \pi$ となる数 x を，有理数と，有理数に次々と $\sqrt{m}$（m：自然数）と表わされる数を添加して得られる体の数として求められるか，という問題に帰着することがわかる．ところがこのような体に属する数は，すべて代数的数である．

　したがって，もし π が代数的数でないことが判明すれば，円の平方化の問題の不可能性が示されたことになる．この方向の最初の進展は，1761 年にランベルトが π が無理数であることを示したこ

とからはじまった．すなわちこのことは π は少なくとも 1 次式で表わされる代数的数ではないことを意味している！　ルジャンドルは 1794 年の『幾何学要論』の中で π^2 が無理数であることを示し，そこに次のようなコメントをつけ加えた．"π が代数的な無理数の中にさえ含まれていないということは，もっともらしく思える．…しかしこのことを厳密に証明することは非常に困難なことにみえる．"オイラーも，このことについてはルジャンドルと同じような見解をもっていた．

　超越数の最初の例は，リューヴィユによって 1844 年に最初に具体的に提示された．π に先だって，自然対数の底 e の方が 1873 年にまずエルミートによって超越数であることが示された．そして，このときのエルミートの証明を拡張する形で 1882 年にリンデマンがはじめて π が超越数であることを証明するのに成功したのである．そしてこれによって "円の平方化" の問題を解こうとする長い夢が終ってしまったのである．リンデマンのこの証明の中には，さらに $\alpha\,(\neq 0)$ が代数的数のときには $\cos\alpha$, $\sin\alpha$ は超越数となることも含まれていた．その後，いろいろな数，たとえば $2^{\sqrt{2}}$ のような数が超越数となることなどの深い結果が得られてきたが，超越数の一般論とでもいうべきものは，現在に至ってもなお得られていないようである．

　ただこれとは別の方向から，カントルの集合論によって，実数の中には，代数的数にくらべれば，はるかに多くの超越数が含まれていることが示された．その結果は，集合論における濃度の概念を用いれば，代数的数の集合は有理数と同じ濃度であるが，超越数の集合は実数と同じ濃度であるといい表わされる．

先生との対話

　先生が
「アイゼンシュタインの定理を使うと，$\mathbf{Q}$ 上既約な整式，つまりふつうの意味では因数分解できないような整式はいくらでも見つけ

られますね．4次式や5次式でそのような整式を少しつくってみてごらんなさい．」

といわれた．小林君がすぐにこれに応じた．

「$x^4-6x^3+3x^2-18x+12=0$ は既約です．係数を見ると，$-6, 3, -18, 12$ はみんな3で割れますが，12は $3^2=9$ では割れません．それから $x^5-35x^4+7x-28$ も既約です．これは素数7で係数を割ってみるとわかります．」

一番前に坐っていた竹村君がひとりごとのように

「アイゼンシュタインの定理で，定数項が p^2 で割れたからといって，可約になるとは限らないんだろうな．」

とつぶやいた．先生はすぐに答えられた．

「そうです．たとえば簡単な例ですが，x^2-3x+9 は定数項は $3^2=9$ となっていますが，この2次式の判別式は負ですから **Q** 上で既約です．ですからアイゼンシュタインの定理が既約性の判定に使えるのは，その条件を見てもわかるようにむしろ限られた特殊の場合であると考えてよいのです．しかし場合によってはそれは非常に有効に使われます．たとえばこの定理がすぐ適用できるようにみえませんが，素数 p に対し**円分多項式**とよばれている

$$x^{p-1}+x^{p-2}+\cdots+x+1 \tag{17}$$

が，**Q** 上既約であるということを示すときも，アイゼンシュタインの定理が使われるのです．

ヒントを2つ与えますから，このことを少し皆で考えてみますか．1つのヒントは

$$x^{p-1}+x^{p-2}+\cdots+x+1 = \frac{x^p-1}{x-1} \tag{18}$$

で，もう1つのヒントは x の代りに $x+1$ を代入した式が既約ならば，もとの式も既約だということです．このことは，一般に $f(x)=g(x)h(x)$ と表わされることと $f(x+1)=g(x+1)h(x+1)$ と表わされることとは同値であるということからわかりますね．」

皆が話し合いながら，考えはじめた．

「先生のヒントにしたがえば，x のかわりに $x+1$ とおいてみるこ

とよね.」

「そうすると(17)は
$$(x+1)^{p-1}+(x+1)^{p-2}+\cdots+(x+1)+1$$
となるけれど，これは大変な式だなぁ.」

「でもこれは(18)を使うと $(x+1)^p-1$ を $(x+1)-1=x$ で割った式になるよ.」

「$(x+1)^p$ には二項定理が使えるから
$$\frac{(x+1)^p-1}{x}=x^{p-1}+px^{p-2}+\frac{p(p-1)}{2!}x^{p-3}+\cdots$$
$$+\frac{p(p-1)\cdots(p-k+1)}{k!}x^{k-1}+\cdots+p$$
となるね.」

「x^{k-1} の係数 $\frac{p(p-1)\cdots(p-k+1)}{k!}$ は $1\leqq k<p-1$ のときは p で割りきれるよ．だって p は素数で，分母の $k!=k(k-1)\cdots2\cdot1$ の中には p はないものね.」

「ところが定数項は p^2 では割りきれないから，アイゼンシュタインの定理が使えるというわけね．それで結局(17)が既約だってことが示されたことになるわけだわ.」

先生が

「その通りです．このようにして p が素数のときは円分多項式の既約性が証明されますが，しかし一般には与えられた整式が既約かどうかを判定することは，非常にむずかしい問題となります．たとえば $n\geqq 2$ のとき x^n-x-1 は既約ですが，この証明は決してやさしくありません.」

といわれた．かず子さんが質問した.

「体 K 上の整式が，一意的に素元分解できるという定理は，自然数が1通りに素数の積として表わされるということの証明と同じようにして証明されるのですね．ところで先生が今日最初にお話しになったように，因数分解のとき取り扱ったのは，1つの文字式よりもむしろたくさんの文字のでる式の方が多かったようでした．一般に n 個の文字 $x_1,x_2,\cdots,x_n$ に関する整式 $f(x_1,x_2,\cdots,x_n)$ に対して

水曜日　既約性と可約性　75

も素元分解の一意性は成り立つのですか.」

「n 個の文字の入った整式も, 既約式の積として, 定数因数の違いを除いて, ただ 1 通りに表わすことができます. 因数分解の答は, 体 **K** を指定している限り, 本質的にはただ 1 つしかないのです. 整数のときも, 1 つの文字の整式のときも, また一般には n 個の文字の整式のときにも似た形で述べられる"素元分解の一意性"については, 当然これらの場合を統括するような, 一般的な理論構成があると考えられるでしょう. 実際, そのような理論は 1920 年代になってネーターによって抽象的な環論が創られることで達成されました. こうしたことに関心のある人は, たとえば山﨑圭次郎『環と加群』(岩波書店)第 3 章を参照してみるとよいでしょう.」

そこまで話されて先生は少し休まれたが,「そうそう」といってさらにひとことコメントをつけ加えられた.

「いまもいったように文字が 2 つ以上になっても素元分解の一意性は成り立ちます. しかし, こんどは 2 つの整式 f, g が互いに素であっても $uf + vg = 1$ という関係をみたす u, v がとれるとは限りません. たとえば

$$f(x, y) = xy + y - 1 \quad \text{と} \quad g(x, y) = xy + x$$

は互いに素ですが, $u(x,y)f(x,y) + v(x,y)g(x,y) = 1$ をみたすような $u(x,y), v(x,y)$ は存在しません. そのことはもしこのような関係式が成り立つとすれば, この式に $x=0, y=1$ を代入すると $f(0,1) = g(0,1) = 0$ となることからわかります. しかしこの例でも, 右辺を 1 ではなくて x だけの整式とすると $u(x,y)f(x,y) + v(x,y)g(x,y) = k(x)$ をみたす整式 u, v, k は存在します. 実際

$$-xf(x,y) + (x+1)g(x,y) = x(x+2)$$

が成り立っています. 一般にこのような関係式ならば, $f(x,y), g(x,y)$ が素なときには必ず成り立ちます.」

問　題

[1] n 次方程式 $f(x) = 0$ の解 α が重解となるための, 必要十分条件は,

α が $f(\alpha)=0$, $f'(\alpha)=0$ をみたしていることであることを示しなさい.

[2] $f(x), g(x), h(x)$ が共通な公約因子をもたないときには, 適当な整式 $u(x), v(x), w(x)$ をとると
$$u(x)f(x)+v(x)g(x)+w(x)h(x) = 1$$
が成り立つことを示しなさい.

[3] $x^4+3x^3+3x^2-5$ は $\mathbf{Q}$ 上既約であることを示しなさい.

お茶の時間

質問 以前, 数のことを書いた解説書の中に, リューヴィユが最初に超越数の例をつくったと書いてあるのを読んで, それはどんな数なのだろうかと興味を引かれたことがありました. 今日の"歴史の潮騒"の中にもこのことが述べられていましたので, この機会にリューヴィユの超越数について少しお話ししていただけませんか.

答 リューヴィユの超越数というときには, ふつうは
$$\alpha = \frac{1}{10} + \frac{1}{10^{2!}} + \frac{1}{10^{3!}} + \frac{1}{10^{4!}} + \cdots + \frac{1}{10^{n!}} + \cdots \qquad (\#)$$
が引用される. α は小数展開すると

$$\alpha = 0.110001\overset{6位}{0}\cdots0\overset{24位}{1}0\cdots0\overset{120位}{1}0\cdots0\overset{720位}{1}0\cdots0\overset{5040位}{1}00\cdots$$

のようになって, 0 がずっと続いた先にとびとびに 1 が 1 つだけ現われるような実数となっている. この α が超越数であることを示すには次の事実を使う.
$$f(x) = a_0 x^n + a_1 x^{n-1} + \cdots + a_{n-1}x + a_n$$
を整数を係数とする ($\mathbf{Q}$ 上で) 既約な n 次 ($n>1$) の整式とする. 実数 ξ は $f(x)=0$ の解となっているとする. このときある 1 より小さい正の定数 ε が存在して, すべての整数 p, q ($q \geqq 1$) に対して
$$\left|\frac{p}{q}-\xi\right| > \frac{\varepsilon}{q^n} \qquad (*)$$

が成り立つ.

お茶の時間にふさわしくないかもしれないが，ここでこの(*)の証明を与え，次にこの結果を使ってリューヴィユ数 α が超越数であることを示してみよう．

(*)を示すには $\left|\frac{p}{q}-\xi\right|<1$ をみたす分数 $\frac{p}{q}$ の場合だけを考えれば十分である．平均値の定理と $f(\xi)=0$ から

$$f\left(\frac{p}{q}\right)=f\left(\frac{p}{q}\right)-f(\xi)=\left(\frac{p}{q}-\xi\right)f'(\eta) \qquad (**)$$

が成り立つ．ここで η は $\frac{p}{q}$ と ξ の間にある数であり，したがって

$$|\eta-\xi|<1 \qquad (***)$$

が成り立っている．ここで $f(x)$ の既約性から

$$f\left(\frac{p}{q}\right)\neq 0$$

であることに注意する．実際，もし $f\left(\frac{p}{q}\right)=0$ ならば $f(x)$ は，$x-\frac{p}{q}$ という因数をもつことになり，f が $\mathbf{Q}$ 上既約であるという仮定に反する．

したがって(**)からまず $f'(\eta)\neq 0$ であり，次に

$$\left|\frac{p}{q}-\xi\right|=\frac{f\left(\frac{p}{q}\right)}{f'(\eta)}=\frac{\left|\sum_{k=0}^{n}a_k p^k q^{n-k}\right|}{q^n\left|\sum_{k=0}^{n}ka_k\eta^{k-1}\right|}$$

となることがわかる．ここで分子は，$a_k p^k q^{n-k}$ がすべて整数だから $\geqq 1$ である．一方，分母の方は(***)を参照すると，まず

$$\left|\sum_{k=0}^{n}ka_k\eta^{k-1}\right|\leqq\sum_{k=0}^{n}k|a_k||\eta|^{k-1}<\sum_{k=0}^{n}k|a_k|(|\xi|+1)^{k-1}$$

となることがわかる．この右辺は $a_0, a_1, \cdots, a_n$ と ξ にしかよらない値である．これを定数として $\frac{1}{\varepsilon}$ とおくと，分母 $<\frac{q^n}{\varepsilon}$ がいえた．したがって，結局，上の分数は $>\frac{\varepsilon}{q^n}$ となり，これで(*)が示されたことになる．

これを用いて(\#)で与えられているリューヴィユ数 α が超越数であることを示すことにしよう．もし α が代数的数ならば，α はある n 次の既約な整係数の方程式の解となっており，したがってこの n

に対しては，適当な正数 ε ($\varepsilon<1$) をとると，どんな分数 $\dfrac{p}{q}$ をとっても (*) のような関係が成り立つはずである．

ところが $k>n$ として，α の小数展開の $k!$ までとって得られる分数を $\dfrac{p_k}{q_k}$ としてみると，$q_k = 10^{k!}$ であって

$$x - \frac{p_k}{q_k} = \frac{1}{10^{(k+1)!}} + \frac{1}{10^{(k+2)!}} + \cdots < \frac{2}{10^{(k+1)!}} = \frac{2}{q_k^{k+1}}$$

となる ($q_k^{k+1} = (10^{k!})^{k+1} = 10^{(k+1)!}$ に注意)．したがって

$$\left| x - \frac{p_k}{q_k} \right| < \frac{2}{q_k^{k+1}} = \frac{2}{q_k^n} \frac{1}{q_k^{k-n+1}} < \frac{2}{q_k^n} \frac{1}{q_n^{k-n}}$$

となる ($q_k > q_n$ に注意)．$k \to \infty$ とすると $\dfrac{1}{q_n^{k-n}} \to 0$ となるから，決して (*) のような関係

$$\left| x - \frac{p_k}{q_k} \right| > \frac{\varepsilon}{q_k^n}$$

は成り立ち得ない．これで α が超越数であることが証明された．

ところでリューヴィユがどうして α のような実数に興味を覚えることになったのだろうか．実は 1729 年にゴルドバッハとダニエル・ベルヌーイとの書簡のやりとりがあって，そこで無限級数として表わされるある数が有理数でもなく，また根号を使っても表わされないだろうという質問が往き来していたのである．1729 年 8 月 18 日の日付の手紙でゴルドバッハはベルヌーイに対して

$$\sum_{n=1}^{\infty} \frac{1}{n^2 + \dfrac{p}{q} n}$$

という数は決して有理数のルートにはならないだろうと伝えている．これに対してベルヌーイは，このことについてもう少し教えてほしいとゴルドバッハに頼み，それに対して 10 月 20 日の日付でゴルドバッハが "あなたが私に質問されてきたような，有理数ではなく，また有理数のルートともならないような分数の級数の例があります：

$$\frac{1}{10} + \frac{1}{100} + \frac{1}{10000} + \frac{1}{100000000} + \cdots$$

この一般項は $\frac{1}{10^{2^{x-1}}}$ です"と返事を送ってきた.

しかしゴルドバッハはこれに対して証明は与えなかった.しかしベルヌーイは,小数点以下の数がこのように飛躍してとびとびに現われる状況のときには,その数は有理数(循環小数!)のルートのようなものでは表わされないだろうという事情は察知したようである.

このゴルドバッハとベルヌーイの往復書簡は1843年に公刊されたが,もともと e が超越数であることを証明するのに関心をもっていたリューヴィユは,この書簡の内容に強い興味を示し,それがリューヴィユ数の発見につながったようである.

木曜日

5次方程式の
代数的解法の不可能性

先生の話

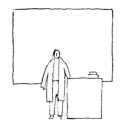

　3次方程式や4次方程式の解法を習ったことのない人にも，5次以上の方程式が代数的に解けないということは，アーベル，ガロアの名前と結びついてかなりよく知られているようです．この不可能性の証明がどのように行なわれるかは，誰にとっても興味のあることです．現在ではこの証明は，ガロア理論を展開した上で，その1つの応用として述べるということがふつうのことになっています．しかしガロア理論は，そこに何か方程式論のようなものを期待して学びはじめると，途中で学ぶことを断念せざるを得ないような，非常にむずかしい，独特な理論体系をつくっています．ガロア理論の中からは，具体的な方程式を解いたり，整式の因数分解を試みるとき伝わってくる数学の感触とでもいったものを，感じとるわけにはいきません．そのため，たとえいくらガロア理論の解説書がたくさん出ても，現在でもなお5次以上の方程式の代数的解法の不可能性の証明は厚いとばりの中に隠されてしまったままで，数学の専門家でもないと，ふつうは理解不可能ということになっています．

　このような状況は，この物語の流れの上からいっても困ったことだと思いました．たまたま，この不可能性に対しクロネッカーが1850年代に1つの証明を与えていることを知りました．クロネッカーの証明は，現在の完成したガロア理論からみると，古典的な姿をしており，現代の代数学の主流の外にありますが，可約性，既約性が前面に出ている証明で，私たちの昨日の話とちょうどうまく接続するようになっています．今日はこのクロネッカーによる不可能性の証明を話すことにします．このいわばガロア理論を経由しない直接証明を通して，まず代数的に解けるとか，解けないとかいうことがどういうことかを知っていただけるのではないかと思います．その上でガロア理論とはどんなものかについては，金曜日と土曜日にお話しします．

　なおこの話に入る前に，簡単なことですがひとつ，ふたつコメン

トを与えておきましよう．まず 5 次方程式といっても $x^5-32=0$ は解けます．解の 1 つは $x=2$ です．ですから 5 次方程式が解けないとはどういうことかと聞かれるかもしれません．それは一般の 5 次方程式を $x^5+ax^4+bx^3+cx^2+dx+e=0$ と表わしたとき，a, b, c, d, e を文字と考えて，この文字の "代数式によって" 解 x を表わすことはできないといっているのです．2 次方程式 $x^2+ax+b=0$ のときは $\dfrac{-a\pm\sqrt{a^2-4b}}{2}$ を x に代入して，a, b の文字式と考えると，この文字式は恒等的に 0 となりました．そのようなことは 5 次方程式では不可能だといっているのです．

それから 5 次方程式が代数的に解けないことが証明されれば，それより次数の高い方程式，たとえば 6 次方程式も代数的に解けないことがわかります．なぜならもし 6 次方程式に代数的解法があれば，それを $x^6+ax^5+\cdots+ex=0$ に適用して，$x=0$ という解だけ除いておくと 5 次方程式の解を与えるからです．

アーベルの補助定理

まず次の命題を示すことからはじめよう．これはアーベルの補助定理として引用されることもある．

> **定理** p を素数とする．体 $\mathbf{K}$ 上の方程式
> $$x^p-A=0$$
> は，$\sqrt[p]{A}\notin\mathbf{K}$ のとき既約な方程式となる．

［証明］x^p-A が可約とすると，$\mathbf{K}$ 上の整式 φ, ψ により
$$x^p-A=\varphi(x)\psi(x)$$
と分解される．$x^p-A=0$ の解は，A の p 乗根の 1 つを $\sqrt[p]{A}$ と表わすことにすると
$$\sqrt[p]{A},\ \eta\sqrt[p]{A},\ \eta^2\sqrt[p]{A},\ \cdots,\ \eta^{p-1}\sqrt[p]{A}$$
である．ここで η は 1 の p 乗根である（$\eta\neq 1$）．$\varphi(x), \psi(x)$ の定数項を B, C とすると，これらの解は適当に因数として分配されて
$$B=\eta^\mu(\sqrt[p]{A})^m,\quad C=\eta^\nu(\sqrt[p]{A})^n \tag{1}$$

となる(B, C の符号 $\pm$ は適当につけておく). $m+n=p$ であり, p は素数だから, m と n は互いに素となる. したがって適当な整数 h, k をとると

$$hm + kn = 1 \tag{2}$$

が成り立つ.

$\varphi(x), \psi(x)$ は $\mathbf{K}$ 上の整式だから, $B, C \in \mathbf{K}$ である. そこで

$$a = B^h C^k \in \mathbf{K}$$

とおくと, (1)と(2)により $a = \eta^{\mu h + \nu k} \sqrt[p]{A}$ となり, したがって $a^p = A$ となる. $a \in \mathbf{K}$ だからこれは仮定に反する.　　　(証明終り)

アーベルの既約定理

次の定理は, アーベルが1829年のクレルレ誌上に掲載した論文の中で述べられているものである.

> **定理**(アーベルの既約定理) $f(x)=0$ を体 $\mathbf{K}$ 上で既約な方程式とし, α を $f(x)=0$ の1つの解とする. $F(x)=0$ を $\mathbf{K}$ 上の方程式とする. もし α が $F(\alpha)=0$ をみたすならば, $f(x)=0$ の解はすべて $F(x)=0$ の解となり, $\mathbf{K}$ 上で $F(x)$ は
> $$F(x) = f(x) G(x)$$
> と表わされる.

[証明] $f(x)$ と $F(x)$ の $\mathbf{K}$ 上の最大公約元は, $f(x)$ の既約性から, $f(x)$ か 1 である. もし 1 とすると, 適当な $\mathbf{K}$ 上の整式 $u(x), v(x)$ をとると

$$u(x)f(x) + v(x)F(x) = 1$$

が成り立つ. この式に $x=\alpha$ を代入すると左辺は 0 となり矛盾が生ずる. したがって $f(x)$ と $F(x)$ の最大公約元は $f(x)$ であることがわかり, $F(x)$ は $f(x)$ で割りきれて, $F(x)=f(x)G(x)$ となる.

(証明終り)

とくに, $\mathbf{K}$ 上で既約な方程式 $f(x)=0$ の解が f より実際次数の

低い方程式 $F(x)=0$ をみたすことがあれば，そのことから，$F=0$ が結論できる．

この既約定理は α が考えている体 **K** の外にあっても，結論は体 **K** の中で述べられていることが重要である．これから次のすぐには予想しにくい定理が成り立つ．

> **定理I** $f(x)$ は体 **K** 上で既約な p 次の整式とし，p は素数とする．また $g(x)$ も体 **K** 上で既約な q 次の整式とする．θ を $g(x)=0$ の1つの解とし，θ を添加した体 **K**(θ) では $f(x)$ は可約になったとする．このとき p は q を割りきる．

この定理は下の図のように表わしておくと，見やすくなる．

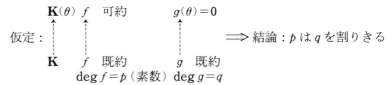

［証明］ $g(x)$ は定数倍を除いて θ の最小多項式となっているから，昨日証明した定理(65頁)によって，**K**(θ) の元はただ1通りに

$$a_0 + a_1\theta + \cdots + a_{q-1}\theta^{q-1} \quad (a_i \in \mathbf{K})$$

と表わされている．したがっていま $f(x)$ が **K**(θ) で可約となり

$$f(x) = \varphi(x,\theta)\psi(x,\theta)$$

と分解されたとすると，$\varphi(x,\theta), \psi(x,\theta)$ は（係数の中に含まれている）θ については $q-1$ 次以下の整式となっている．

ここで x のところに定数として勝手にとった有理数 r を代入し，かわりに θ を x でおきかえて整式

$$\lambda(x) = f(r) - \varphi(r,x)\psi(r,x) \tag{3}$$

を考える．そうすると $\lambda(x)$ は **K** 上の整式であって

$$\lambda(\theta) = 0$$

となる．したがってアーベルの既約定理を $g(x)$ と $\lambda(x)$ に適用すると，$g(x)=0$ のすべての解 $\theta, \theta', \theta'', \cdots$ に対して

$$\lambda(\theta) = \lambda(\theta') = \lambda(\theta'') = \cdots = 0$$

が成り立つ．たとえば $\lambda(\theta')=0$ は(3)から

$$f(r) - \varphi(r, \theta')\psi(r, \theta') = 0$$

を意味している．この関係がすべての有理数 r で成り立つのだから，恒等式として

$$f(x) = \varphi(x, \theta')\psi(x, \theta') \tag{4}$$

が成り立たなくてはならない．

このようにして，$g(x)=0$ の解 $\theta, \theta', \theta'', \cdots$ に対して

$$\begin{aligned} f(x) &= \varphi(x, \theta)\psi(x, \theta) \\ f(x) &= \varphi(x, \theta')\psi(x, \theta') \\ f(x) &= \varphi(x, \theta'')\psi(x, \theta'') \end{aligned} \tag{5}$$
$$\cdots\cdots\cdots$$

が成り立つことになる．$g(x)=0$ の解 $\theta, \theta', \theta'', \cdots$ の個数は q 個だから，ここに現われている式の個数は g の次数 q に等しい．そこで

$$\begin{aligned} \Phi(x) &= \varphi(x, \theta)\varphi(x, \theta')\varphi(x, \theta'')\cdots\cdots \\ \Psi(x) &= \psi(x, \theta)\psi(x, \theta')\psi(x, \theta'')\cdots\cdots \end{aligned} \tag{6}$$

とおくと，$\Phi(x), \Psi(x)$ は，$\theta, \theta', \theta'', \cdots$ について対称式となり，したがって $\Phi(x), \Psi(x)$ は **K** 上の整式となる．（ここで月曜日に示した対称式に関する基本定理を用いた．$g(x)=0$ の解 $\theta, \theta', \theta'', \cdots$ に関する対称式は，$g(x)$ の係数（**K** の数！）の整式として表わせるのである．）

(5)を辺々かけ合わせると，

$$f(x)^q = \Phi(x)\Psi(x)$$

が得られる．$f(x)$ は仮定により既約だから，$\Phi(x), \Psi(x)$ はそれぞれ $f(x)$ で割りきれて

$$\Phi(x) = f(x)^\mu, \quad \Psi(x) = f(x)^\nu \quad (\mu+\nu=q)$$

となる．

この 2 つの式で，ここでは $\Phi(x)=f(x)^\mu$ の方の関係を使うことにする．$\varphi(x, \theta)$ の x の整式としての次数を m とすると，(6)により

$$\deg \Phi = mq$$

したがって $\Phi(x)=f(x)^\mu$ の両辺の次数を等しいとおくことにより

$$mq = \mu p$$

という関係が成り立つ．(4)から $m<p$ だから，q は p で割りきれなくてはならない．これで証明された．　　　　　　　　　（証明終り）

代数的に解けるということ

体 **K** 上の n 次の方程式 $f(x)=0$ が代数的に解けるということは，**K** に適当にベキ根を順次添加して体を次々と拡大していったとき，有限回のこのような拡大のあとで得られた体の中に，$f(x)=0$ の解がすべて見つかることである．このとき $f(x)=0$ の解は，**K** の数から四則演算をほどこした式を，いくつかのベキ根記号 $\sqrt[k]{}$ の中に次々と入れて $\sqrt[k]{\rule{1em}{0.4pt}+\sqrt[l]{\rule{1em}{0.4pt}+\sqrt[m]{\rule{1em}{0.4pt}}}}$ のような式をつくり，これらを算術的に四則演算で組み合わせて式として表わされることになるだろう．

定義として明確に述べると次のようになる．

> **定義**　体 **K** 上で定義された n 次の方程式 $f(x)=0$ が代数的に解けるとは次のようなことである．**K** の数 A をとり，A の適当なベキ根 $\sqrt[a]{A}$ を添加して体 $\mathbf{K}_1=\mathbf{K}(\sqrt[a]{A})$ をつくる．次に $\mathbf{K}_1$ の数 B をとって，B の適当なベキ根 $\sqrt[b]{B}$ を $\mathbf{K}_1$ に添加して体 $\mathbf{K}_2=\mathbf{K}_1(\sqrt[b]{B})$ をつくる．このような操作を有限回行なって得られる体の中で，$f(x)=0$ の解がすべて求められるとき，$f(x)$ は代数的に解けるという．

この定義で，読者はまず，**K** として複素数体 **C** をとっておけば，**C** では代数学の基本定理によって，つねに $f(x)=0$ の解があるのだから，**C** ではつねに代数的に解けることになってしまい，この定義と解の公式を求めようとする問題設定にギャップがあるのではないかと思われるかもしれない．その意味では確かにこの定義は包括的すぎるようである．ふつうは 1 つの方程式が代数的に解けるかどうかを問題とするときは，有理数体 **Q** に，方程式の係数を添加した体を **K** として，ここからスタートする．

もっとも一般に，n 次方程式の "解の公式" を求めるという問題

設定に立つときには，いままでのように複素数の中だけで体を考えるという立場だけでは不十分となってくる．そのため，体 $\mathbf{K}$ というときには，体の定義を昨日与えたものよりもう少し一般化して，いままでの体 $\mathbf{K}$ に**有限個の文字 $a,b,c,\cdots,e$ を添加したような体**
$$\mathbf{K}(a,b,c,\cdots,e)$$
も考えることにする．たとえば $\mathbf{K}(a)$ の元は，$\mathbf{K}$ の数を係数とする a の有理式として表わされるし，また $\mathbf{K}(a,b)$ の元は $\mathbf{K}$ の数を係数とする文字 a,b に関する有理式として表わされる．だから $\mathbf{K}(a,b)$ の元の表示には，分母，分子に $\sum \alpha_{ij} a^i b^j$ ($\alpha_{ij} \in \mathbf{K}$) のような式が現われる有理式が登場してくることになる．

このような体の定義を拡張する必要があるのは，今日の"先生の話"にもあったように，一般に n 次方程式
$$x^n + a_1 x^{n-1} + a_2 x^{n-2} + \cdots + a_{n-1} x + a_n = 0$$
が代数的に解けるか——解の公式があるか——という問題設定では $a_1, a_2, \cdots, a_n$ を文字と考えることになるからである．このとき最初におく体は，$\mathbf{Q}$ に文字 $a_1, a_2, \cdots, a_{n-1}, a_n$ を添加した体
$$\mathbf{K} = \mathbf{Q}(a_1, a_2, \cdots, a_{n-1}, a_n)$$
となり，ここから出発して上のようにベキ根を添加しながら体を拡大し，そこに解が見つかるかという問題設定になってくるのである．このような代数的な立場は，確かに代数学の基本定理で述べていることとは別の立場である．

しかし今日の話はこのような一般的な設定をしないで，次数が素数 p の $\mathbf{Q}$ 上の方程式は，$p \geq 5$ のとき，一般には，$\mathbf{Q}$ からスタートしてベキ根を順次添加していっても，解を求めることができないことを示す．

さて，代数的に解けるかどうかを問題とするときに，順次体に添加するベキ根
$$\sqrt[a]{A}$$
で，a は素数と仮定してよい．なぜかというと，たとえば
$$\sqrt[12]{A} = A^{\frac{1}{12}} = \left(A^{\frac{1}{3}}\right)^{\frac{1}{4}} = \left(\left(A^{\frac{1}{3}}\right)^{\frac{1}{2}}\right)^{\frac{1}{2}}$$

だから，$\mathbf{K}(\sqrt[12]{A})$ は

$$\mathbf{K} \xrightarrow{\sqrt[3]{\ }} \mathbf{K}(\sqrt[3]{A}) \xrightarrow{\sqrt{\ }} \mathbf{K}(\sqrt[6]{A}) \xrightarrow{\sqrt{\ }} \mathbf{K}(\sqrt[12]{A})$$

と素数ベキのベキ根の"積み重ね"で得られるからである．

Q 上の素数次の方程式

いま p を 2 と異なる素数とする．すなわち p は，素数 3, 5, 7, 11, 13, … のいずれかとする．$f(x)$ を $\mathbf{Q}$ 上既約な，p 次の整式とする．$f(x)$ の最高次の係数は 1 とする：

$$f(x) = x^p + a_1 x^{p-1} + a_2 x^{p-2} + \cdots + a_{p-1} x + a_p$$

これから $f(x)=0$ が代数的に解ける状況を追ってみたい．そのため有理数体 $\mathbf{Q}$ を拡大していくのだが，まず 1 の p 乗根を $\mathbf{Q}$ に添加することにする．1 の p 乗根

$$\eta = \cos \frac{2\pi}{p} + i \sin \frac{2\pi}{p}$$

を $\mathbf{Q}$ に添加すると，体 $\mathbf{Q}(\eta)$ の中には p 個の 1 の p 乗根

$$1, \eta, \eta^2, \cdots, \eta^{p-1}$$

がすべて含まれていることになる．ここで $\overline{\eta^i} = \eta^{p-i}$ となることを注意しておこう．$\overline{\eta^i}$ は η^i の共役複素数である．

また $\mathbf{Q}$ に次々とベキ根を添加するとき，ベキ根が複素数のときには，その共役複素数も同時に添加していくものとする．そうすると各段階で得られた体の中では，いつでも共役複素数をとるという演算が可能になってくる．

このようにして $\mathbf{Q}$ から出発して，順次体を拡大して体 $\mathbf{K}$ に達したとする．そして体 $\mathbf{K}$ にさらに $\sqrt[l]{A}$ を添加して

$$\mathbf{K}(\sqrt[l]{A})$$

になったとき，そこではじめて $f(x)$ が可約になったとする．前に述べたように，ここで l は素数にとっている．$x^l = A$ はアーベルの補助定理によって，$\mathbf{K}$ 上既約な方程式である．したがって定理 I を $f(x)$ と $g(x) = x^l - A$ に適用すると，このとき l は p で割りきれ

なくてはならないことがわかる．l は素数だから，したがって
$$l = p$$
である．すなわち $f(x)$ が可約となる決定的なステップで添加する**ベキ根は p 乗根なのである**！

そこで
$$\lambda = \sqrt[p]{A}$$
とおく．$\mathbf{K}(\lambda)$ で $f(x)$ は可約だから
$$f(x) = \varphi(x, \lambda)\phi(x, \lambda)\chi(x, \lambda)\cdots \tag{7}$$
と既約な整式の積に分解される．ここで $x^p = A$ の解の1つを $\sqrt[p]{A}$ と書いているが，このとき $x^p = A$ の p 個の解 $\lambda = \lambda_0, \lambda_1, \cdots, \lambda_{p-1}$ は
$$\lambda_0 = \sqrt[p]{A},\ \lambda_1 = \eta\sqrt[p]{A},\ \lambda_2 = \eta^2\sqrt[p]{A},\ \cdots,\ \lambda_{p-1} = \eta^{p-1}\sqrt[p]{A}$$
で与えられる．η は $\mathbf{K}$ に含まれているから
$$\lambda_0, \lambda_1, \cdots, \lambda_{p-1} \in \mathbf{K}(\lambda)$$
である．

$f(x)$ は $\varphi(x, \lambda)$ によって割りきれているが，定理Ⅰの証明を参照すると(85頁の下の議論で $g(x)$ として $x^p - A$ をとる)，このとき $f(x)$ は同時に各 $\varphi(x, \lambda_i)$ ($i = 0, 1, 2, \cdots, p-1$) で割りきれていることがわかる．

ここで次の2つのことを注意する．

> （ⅰ）各 $\varphi(x, \lambda_i)$ ($i = 0, 1, 2, \cdots, p-1$) は $\mathbf{K}(\lambda)$ で既約である．
> （ⅱ）$i \neq j$ のとき $\varphi(x, \lambda_i) \neq \varphi(x, \lambda_j)$

[証明]（ⅰ）もし $\varphi(x, \lambda_i)$ が可約とすると，$\varphi(x, \lambda_i) = u(x, \lambda_i) \times v(x, \lambda_i)$ と分解するが，λ_i は $\mathbf{K}$ 上の既約方程式 $x^p = A$ の解だから，定理Ⅰの証明で用いたと同様の論法で $\varphi(x, \lambda) = u(x, \lambda)v(x, \lambda)$ が成り立つことが示されて，これは $\varphi(x, \lambda)$ の既約性に反することになる．（ⅰ）の証明終り．

（ⅱ）いまある $\mu < \nu$ に対し
$$\varphi(x, \lambda_\mu) = \varphi(x, \lambda_\nu)$$
が成り立ったとする．すなわち
$$\varphi(x, \eta^\mu \sqrt[p]{A}) = \varphi(x, \eta^\nu \sqrt[p]{A})$$

を仮定する．$\sqrt[p]{A}$ として改めて $\eta^\mu \sqrt[p]{A}$ をとることにすれば，この式は

$$\varphi(x, \sqrt[p]{A}) = \varphi(x, \eta^{\nu-\mu} \sqrt[p]{A})$$

と表わせる．この式は $\sqrt[p]{A}$ のところに $\eta^{\nu-\mu} \sqrt[p]{A}$ を代入して整理すればまったく同じ式になることを示している．すなわち，左辺と右辺は見かけ上異なっているにすぎないのだから，右辺の $\sqrt[p]{A}$ にもう一度 $\eta^{\nu-\mu} \sqrt[p]{A}$ を代入しても同じ式が得られるはずである．したがって $\alpha = \nu - \mu$ とおくと

$$\varphi(x, \sqrt[p]{A}) = \varphi(x, \eta^\alpha \sqrt[p]{A}) = \varphi(x, \eta^{2\alpha} \sqrt[p]{A})$$

が得られる．これを繰り返して

$$\varphi(x, \sqrt[p]{A}) = \varphi(x, \eta^\alpha \sqrt[p]{A}) = \cdots = \varphi(x, \eta^{(p-1)\alpha} \sqrt[p]{A}) \quad (8)$$

が成り立つことがわかる．

ところが

$$1, \ \eta^\alpha, \ \eta^{2\alpha}, \ \cdots, \ \eta^{(p-1)\alpha} \quad (9)$$

は全体として

$$1, \ \eta, \ \eta^2, \ \cdots, \ \eta^{p-1}$$

と一致していることに注意しよう．それをみるには(9)がすべて異なることをみるとよい．もしある k, l $(k < l \leqq p-1)$ で

$$\eta^{k\alpha} = \eta^{l\alpha}$$

が成り立ったとすると，$\eta^{(l-k)\alpha} = 1$ から $(l-k)\alpha$ は p の倍数でなければならない．しかし $1 \leqq l - k \leqq p - 1$, $1 \leqq \alpha \leqq p - 1$ から，このようなことは決して起きない．

したがって(8)から

$$\varphi(x, \sqrt[p]{A}) = \varphi(x, \eta \sqrt[p]{A}) = \varphi(x, \eta^2 \sqrt[p]{A}) = \cdots = \varphi(x, \eta^{p-1} \sqrt[p]{A})$$

が成り立つことになり，したがってまた

$$\varphi(x, \sqrt[p]{A}) = \frac{1}{p} \{\varphi(x, \sqrt[p]{A}) + \varphi(x, \eta \sqrt[p]{A}) + \cdots + \varphi(x, \eta^{p-1} \sqrt[p]{A})\}$$

と表わされる．

この右辺は方程式 $x^p - A = 0$ の解の対称式となっており，したがって，x と A の整式として表わされる．このことは $\varphi(x, \sqrt[p]{A})$ が $\mathbf{K}$ の整式となることを示しており，$f(x)$ が $\mathbf{K}$ で既約であったこ

とに反する.　　　　　　　　　　　　　　　　　　　　　　　　（証明終り）

(i)と(ii)からの結論

いま証明した(i)と(ii)から，次のことが結論されてくる．$f(x)$ は p 次の整式であったが，$\mathbf{K}(\lambda)$ における(7)の分解は(定数倍を適当に繰りこんでおけば)実は

$$f(x) = \varphi(x, \lambda_0)\varphi(x, \lambda_1)\varphi(x, \lambda_2)\cdots\varphi(x, \lambda_{p-1})$$

で与えられている．

なぜなら，$\varphi(x, \lambda_i)$ ($i=0, 1, 2, \cdots, p-1$) はすべて p 次の整式 $f(x)$ を割りきるが，(ii)からこれらは異なるから，この p 個の整式だけが $f(x)$ を割る整数であって，次数の比較から各 $\varphi(x, \lambda_i)$ は x についての1次式となる．$f(x)$ の最高次の係数は1としていたから，適当に規格化しておけば $\varphi(x, \lambda_i) = x - \omega_i$ の形であるとしてよい．$\lambda = \lambda_0$ に合わせて ω_0 を ω と書くと，ω は $\mathbf{K}(\lambda)$ の数だから，65頁で述べた定理によって λ についての $p-1$ 次式として表わされる．したがって結局

$$x - \omega = \varphi(x, \lambda), \quad x - \omega_1 = \varphi(x, \lambda_1), \quad \cdots, \quad x - \omega_{p-1} = \varphi(x, \lambda_{p-1})$$

となり，$\omega, \omega_1, \cdots, \omega_{p-1}$ は

$$\begin{aligned}
\omega &= K_0 + K_1\lambda + K_2\lambda^2 + \cdots + K_{p-1}\lambda^{p-1} \\
\omega_1 &= K_0 + K_1\lambda_1 + K_2\lambda_1{}^2 + \cdots + K_{p-1}\lambda_1{}^{p-1} \\
&\cdots\cdots\cdots \\
\omega_{p-1} &= K_0 + K_1\lambda_{p-1} + K_2\lambda_{p-1}{}^2 + \cdots + K_{p-1}\lambda_{p-1}{}^{p-1}
\end{aligned} \quad (10)$$

と表わされる．

$f(x) = (x-\omega)(x-\omega_1)\cdots(x-\omega_{p-1})$ だから，$\omega, \omega_1, \cdots, \omega_{p-1}$ は $f(x)=0$ の解である．このようにして p 次（p: 素数，$p \geqq 3$）の方程式が代数的に解ける場合，最終段階における解が(10)のような形で表わされることが確定したのである．

（挿記）　実係数の奇数次の方程式

ここで次の定理を証明しておこう．

> **定理** n を奇数とする．このとき実係数の n 次方程式
> $$x^n+a_1x^{n-1}+a_2x^{n-2}+\cdots+a_{n-1}x+a_n=0$$
> は，少なくとも1つの実数解をもつ．

［証明］ $f(x)=x^n+a_1x^{n-1}+\cdots+a_{n-1}x+a_n$ とおき，ここで x は実数の変数と考えることにする．$|x|$ が十分大きいとき

$$f(x) = x^n\Bigl(1+\frac{a_1}{x}+\frac{a_2}{x^2}+\cdots+\frac{a_n}{x^n}\Bigr)$$

と表わしてみるとわかるように，$f(x)$ は近似的には x^n に等しくなる（$|x|\to\infty$ のとき $\left|\frac{a_1}{x}\right|\to 0,\left|\frac{a_2}{x^2}\right|\to 0,\cdots$ に注意）．n は奇数だから

$$x<0 \quad \text{ならば} \quad x^n<0$$
$$x>0 \quad \text{ならば} \quad x^n>0$$

である．したがって $x<0$ で $|x|$ が大きくなると，$f(x)<0$ となるし，また $x>0$ で x が大きくなると $f(x)>0$ となることがわかる．

したがって連続関数に関するよく知られた中間値の定理によって，$f(x_0)=0$ となる x_0 が存在することがわかる．この x_0 が実数解を与えている．　　　　　　　　　　　　　　　　　　　　　　　　　　　　　（証明終り）

$\lambda=\sqrt[p]{A}$ の A が実数の場合

$f(x)$ をいままでのように，次数が素数 p ($p\geqq 3$) の $\mathbf{Q}$ 上の整式

$$f(x) = x^p+a_1x^{p-1}+\cdots+a_{p-1}x+a_p$$

とする．p は奇数だから $f(x)=0$ は少なくとも1つの実数解をもつ．

いま $f(x)=0$ は代数的に解けるとする．このときこの実数解は(10)の中の1つとして表わされている．体 $\mathbf{K}$ の中には1の p 乗根がすべて含まれていたから，必要ならば(10)の係数 $K_0, K_1, \cdots, K_{p-1}$ の中にこの1の p 乗根を繰り入れることにより，

$$\omega = K_0+K_1\lambda+K_2\lambda^2+\cdots+K_{p-1}\lambda^{p-1} \qquad K_i\in\mathbf{K}$$

と表わされていると仮定しても差しつかえない．

そこでいま

$$\lambda = \sqrt[p]{A}$$

で A が実数の場合を考えることにする．このとき λ も実数として

よい．このとき ω の共役複素数は
$$\bar{\omega} = \bar{K}_0 + \bar{K}_1\lambda + \bar{K}_2\lambda^2 + \cdots + \bar{K}_{p-1}\lambda^{p-1}$$
となる．体 **K** の中では共役複素数をとることが可能だったから，$\bar{K}_i \in \mathbf{K}$ である．

$\bar{\omega} = \omega$ により
$$(\bar{K}_0 - K_0) + (\bar{K}_1 - K_1)\lambda + \cdots + (\bar{K}_{p-1} - K_{p-1})\lambda^{p-1} = 0$$
である．λ は **K** 上既約な方程式 $x^p = A$ の解だから，λ がこのように **K** 上の $p-1$ 次方程式をみたすことは
$$\bar{K}_0 = K_0, \ \bar{K}_1 = K_1, \ \cdots, \ \bar{K}_{p-1} = K_{p-1} \tag{11}$$
のとき以外には起こりえないことである．

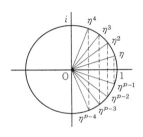

すなわち(10)の右辺に現われた $K_0, K_1, \cdots, K_{p-1}$ はいまの場合すべて実数である．$x^p = 1$ の解 $1, \eta, \eta^2, \cdots, \eta^{p-1}$ は図で示してあるように，1 以外は
$$\bar{\eta} = \eta^{p-1}, \ \bar{\eta}^2 = \eta^{p-2}, \ \bar{\eta}^3 = \eta^{p-3}, \ \cdots$$
のように共役複素数として対になっている．したがって
$$\lambda_\mu = \eta^\mu \sqrt[p]{A}$$
に注意すると，$\lambda_1, \lambda_2, \cdots, \lambda_{p-1}$ は実数ではない複素数であって，これらも対になって
$$\bar{\lambda}_1 = \lambda_{p-1}, \ \bar{\lambda}_2 = \lambda_{p-2}, \ \bar{\lambda}_3 = \lambda_{p-3}, \ \cdots \tag{12}$$
となっている．

(11)と(12)から(10)を参照すると，結局

ω は実数

$$\bar{\omega}_1 = \omega_{p-1}, \ \bar{\omega}_2 = \omega_{p-2}, \ \bar{\omega}_3 = \omega_{p-3}, \ \cdots$$
となっていることがわかった．すなわち

$\lambda = \sqrt[p]{A}$ の A が実数のとき $f(x) = 0$ の解は，1 つが実解で，残りは虚解であって，2 つずつ対になって共役複素数となっている．

$\lambda = \sqrt[p]{A}$ の A が(実数でない)複素数の場合

このときは A の p 乗根の 1 つを $\lambda = \sqrt[p]{A}$ と表わし，それとともに，λ の共役複素数 $\bar{\lambda} = \sqrt[p]{\bar{A}}$ も考えることにする．そして

$$\varLambda = \lambda\bar{\lambda} = \sqrt[p]{A\bar{A}}$$

とおく．もし体 **K** に $\varLambda$ を添加して体 **K**$(\varLambda)$ をつくったとき，体 **K**$(\varLambda)$ ですでに $f(x)$ が可約となるならば，$A\bar{A}$ は実数だから，すぐ上に述べた場合となり，$f(x)=0$ はただ 1 つの実数解をもつことになる．

したがって **K**$(\varLambda)$ ではまだ $f(x)$ は可約ではないが，**K**$(\varLambda)$ にさらに $\lambda=\sqrt[p]{A}$ を添加してはじめて可約になる場合を考えることにしよう．$f(x)=0$ の実解 ω は，前のように

$$\omega = K_0 + K_1\lambda + K_2\lambda^2 + \cdots + K_{p-1}\lambda^{p-1}$$

で表わされているとし，$\bar{\omega}$ を

$$\begin{aligned}\bar{\omega} &= \bar{K}_0 + \bar{K}_1\bar{\lambda} + \bar{K}_2\bar{\lambda}^2 + \cdots + \bar{K}_{p-1}\bar{\lambda}^{p-1} \\ &= \bar{K}_0 + \bar{K}_1\Bigl(\frac{\varLambda}{\lambda}\Bigr) + \bar{K}_2\Bigl(\frac{\varLambda}{\lambda}\Bigr)^2 + \cdots + \bar{K}_{p-1}\Bigl(\frac{\varLambda}{\lambda}\Bigr)^{p-1}\end{aligned}$$

と表わすと，$\omega = \bar{\omega}$ から

$$\begin{aligned}&K_0 + K_1\lambda + K_2\lambda^2 + \cdots + K_{p-1}\lambda^{p-1} \\ &= \bar{K}_0 + \bar{K}_1\Bigl(\frac{\varLambda}{\lambda}\Bigr) + \bar{K}_2\Bigl(\frac{\varLambda}{\lambda}\Bigr)^2 + \cdots + \bar{K}_{p-1}\Bigl(\frac{\varLambda}{\lambda}\Bigr)^{p-1}\end{aligned} \quad (13)$$

という関係式が得られる．これは λ について整理すると体 **K**$(\varLambda)$ における λ の方程式とみることができる．

一方，λ は $x^p = A$ の解であるが，仮定によって $x^p = A$ は **K**$(\varLambda)$ でまだ既約である（もし可約ならば $\lambda \in$ **K**$(\varLambda)$ となってしまい，**K**$(\varLambda) \subsetneqq$ **K**$(\varLambda, \lambda)$ に反する）．したがってアーベルの既約定理により $x^p = A$ の残りの解 $\lambda_1, \lambda_2, \cdots, \lambda_{p-1}$ もまた (13) をみたすことになる．

したがって

$$\frac{\varLambda}{\lambda_\nu} = \frac{\varLambda}{\lambda\eta^\nu} = \frac{\bar{\lambda}}{\eta^\nu} = \overline{\lambda\bar{\eta}^\nu} = \overline{\lambda\eta^\nu} = \bar{\lambda}_\nu$$

に注意すると，$\nu = 1, 2, \cdots, p-1$ に対して

$$\begin{aligned}&K_0 + K_1\lambda_\nu + K_2\lambda_\nu^2 + \cdots + K_{p-1}\lambda_\nu^{p-1} \\ &= \bar{K}_0 + \bar{K}_1\bar{\lambda}_\nu + \bar{K}_2\bar{\lambda}_\nu^2 + \cdots + \bar{K}_{p-1}\bar{\lambda}_\nu^{p-1}\end{aligned}$$

が成り立つことになる．この式は

$$\omega_\nu = \bar{\omega}_\nu \quad (\nu = 1, 2, \cdots, p-1)$$

を示している.すなわち

$\lambda = \sqrt[k]{A}$ の A が(実数ではない)複素数のとき,$f(x)=0$ の解は,すべて実解となる.

クロネッカーの結論

いままでわかった結果をまとめると次の定理が得られる.

> **定理** p を 2 と異なる素数とする.このとき有理数を係数とする p 次の既約方程式が代数的に解けるとすれば,実解の個数は 1 か p である.

したがってとくに 5 次方程式にこの定理を適用すると,代数的解法が不可能な場合が生じてくる.

> **定理** 実解の数がちょうど 3 であるような有理数上で既約な 5 次方程式は代数的に解くことが不可能である.

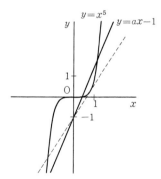

a は点線の直線の傾きより大きい

このような 5 次方程式はたくさん存在する.たとえばグラフを使って
$$y = x^5 \quad \text{と} \quad y = ax - 1$$
のグラフの交点が 3 つになるような a の範囲を求めると
$$a > \sqrt[5]{5}\left(\frac{5}{4}\right)^{\frac{4}{5}} \quad (\fallingdotseq 1.65)$$
となる.したがってこの範囲の a に対して,5 次方程式
$$x^5 - ax + 1 = 0$$
が既約ならば代数的に解けないのである.たとえば
$$x^5 - 3x + 1 = 0$$
は既約であってすでに代数的に解くことは不可能なのである.

このようにして,5 次方程式に対しては,解の公式が存在しないことがわかった.

歴史の潮騒

5次方程式の代数的解法が不可能であるというクロネッカーの証明は，方程式論全体の流れの中ではむしろ孤立している．ラグランジュにはじまって，ルフィニ，アーベルに引き継がれ，ガロアの天才により大成した方程式の理論の根底にある考えは，方程式の解法の中にひそむ解の置換に関する対称性であり，それを群の概念によって明るい光の中に取り出し，群の働きに対する不変性を体を拡大していくときの原理としたところにある．

いま述べたクロネッカーの証明では，$f(x)=0$ を代数的に解く過程の最終段階に現われる体の拡大だけに注目したから，群の働きは，解と係数の関係のような基本的なものしか登場しなかった．そのことが多くの概念を必要とせず，クロネッカーの証明を，ある意味でわかりやすいものにしている．しかし，この証明からは，方程式を解く全体のプロセスは明らかにされていない．金曜日，土曜日にはそのプロセスに立ち入って話していくことにしよう．それは必然的にガロア理論への道となる．

ここではクロネッカーの証明の中にも名前の登場した天才アーベルについて少し述べることにしよう．

ニールス・ヘンリック・アーベルは，1802年8月5日，ノルウェーのフィンネイという小さな島で生まれた．父親はルター派の牧師だった．父親から教育を受けたあと，13歳になってオスロのカテドラル・スクール（中学校）に入学した．アーベルの生家は窮迫した生活を送っていたが，アーベルは乏しい給費ではあったが幸いそれを受けることができ，それによって中学から大学まで進むことができた．アーベルは15歳まではほとんど数学に関心を示さなかった．ところが中学校の数学の教員が生徒を体罰から死に至らしめたため辞めさせられ，ホルンボー先生が新しく赴任してきたことによって状況が変わったのである．このホルンボー先生がアーベルの隠されていた天賦の才を眼覚めさせたのである．

実際，ホルンボー先生が着任した頃から，アーベルが図書室から

借りていた書物が小説，紀行の類から，数学書へと変わっていったことが調べられている．アーベルは，オイラーの微積分法，ポアソン，ラクロア，ラグランジュ等の数学書を読んでいたようであるが，その中にはガウスの『数論研究』も含まれていた．1820年，アーベルが18歳で中学を卒業するときには，すでに将来偉大な数学者となることを予見させるだけのものが備わったようである．アーベルは中学校の最後の1年間，5次方程式の解法の問題に取り組み，その解法を発見したと思った．結果はデンマークのデーゲンに送られたが，デーゲンはアーベルに"このような功少なくして労多い問題に没頭するより，楕円関数の研究を行なって，数学の大洋においてマゼラン海峡を発見したらどうか"という趣旨の返書を送った（1821年5月）．1820年に父親が亡くなったため，経済的状況は一層悪くなっていった．

アーベルは1821年クリスチアニア大学に入学したが，ここで終生の恩人ともなったハンステン教授と知り合うことになった．ハンステンはこの大学の応用数学と天文学の教授であった．アーベルは，1824年の春には，5次方程式の代数的解法が不可能であることの証明に成功し，それをフランス語のパンフレット『Mémoire sur les équations algébriques』（代数方程式に関する論文）として自費で作成し，発表した．ここでは内容は圧縮され，わずか6頁にまとめられている．しかしそれに対する反響はアーベルが期待したようなものではなかった．この論文は書き直されて，1826年のクレルレ誌第1巻に"4次を越す一般方程式の代数的解法の不可能性の証明"として22頁の論文となって完全な形で公刊された．

1825年に，アーベルはノルウェー政府の奨学資金を受けて第1回外国留学生としてベルリンへと留学した．そこで枢密顧問官でもあり，建築技師でもあったクレルレと親交を結んだ．クレルレはアーベルに協力を求めながら，新しい数学誌の刊行を企て，1826年に『純粋及び応用数学紀要』（ふつうはクレルレとよばれている）の第1巻を刊行した．この中にアーベルの論文が上記の論文ともあわせて6篇載せられている．アーベルはこのあとも方程式論の研究を

続け，方程式が代数的に解ける条件を求めようとし，いくつかの方程式に対してその条件を求めたが，結局はこの研究は未完のまま終った．これに対して完全な解答を与えたのはガロアであったが，ガロアの示した条件は，多分アーベルが予想していたようなものとは別の形であったのではないかと思われる．なおこのクレルレ第1巻に掲載された論文の中には『級数 $1+mx+\frac{m(m-1)}{2}x^2+\cdots$ の研究』もある．この論文はすでに第3週火曜日の"歴史の潮騒"の中でも触れているが，級数論にとって画期的なものであった．

　アーベルは1825年9月から翌年2月までベルリンに滞在し，その後イタリーを旅行して1826年7月から12月までパリにいたが，このときアーベルがフランス科学アカデミーに提出した論文——"パリ論文"とよばれている——がコーシーによって放置されたまま紛失してしまうという数学史上有名な事件が起こった．アーベルにとっては悲劇的なことであった．この論文は現在代数関数論においてアーベルの定理とよばれている深い結果を明らかにしたものであり，この時代の数学が達した最高の高さを示しているものであった．アーベルは失意のうちにパリを去り，1827年5月までベルリンにいてからノルウェーに帰国した．9月から年200クーラの給費を大学から受けることになったが，生活は困窮をきわめた．この頃からヤコビと楕円関数の研究にしのぎをけずるようになる．1829年1月，病床にあって『ある種の超越関数の一般的性質の証明』と題する2頁の論文をクレルレ誌に送った．これがアーベルの絶筆となった．あとになってスウェーデンの数学者ミッタグ・レフラーが，これにつき次のような追悼の言葉を述べている．

　"1829年1月6日は文化史上帝王邦家の記念日にも優りて記憶さるべきである．その日アーベルは病床にあって彼の生涯の最高の思想をクレルレ誌のために書いた．即ちアーベルの加法定理で，当時直に'金鉄よりも久しきに堪ゆる記念碑'（Monumentum aere perennius）とよばれたが，実際アーベルの誕生百年の今日においても，なお数学進歩の頂点と見なされている．"（この訳文は高木貞治『近世数学史談』より引用）

1829年4月6日，結核のため，貧困の中でアーベルは27歳の生涯を閉じた．アーベルの名声はフランス，ドイツで高まっており，ベルリン大学へアーベルを招へいする話が進んでいた，まさにその矢先の死であった．

先生との対話

明子さんが
「以前，5次方程式が解けないということの証明が知りたくなって，ガロア理論の解説書を買ってきて読み出したことがありましたが，途中で，何のことか少しもわからなくなってしまい，投げだしてしまいました．それにくらべると，今日のクロネッカーの証明は，1つ1つの段階が理解できて，はじめて不可能性の証明を知ったという気がしました．」
とまず感想を話した．山田君が，まわりの人ももっていた疑問を，代表するような形で質問に立った．
「既約な有理数を係数とする5次方程式が，代数的に解けるときには，全部が実解か，そうでなければただ1つだけが実解であるということでしたが，この逆はもちろん一般には成り立たないのでしょうね．だから実解の数がそのようなときにも，代数的に解けない5次方程式はあるのでしょうね．」
「そうです．ウェーバーが『Kleines Lehrbuch der Algebra』(代数の小教本)という本の中で，$x^5+ax+b=0$ が代数的に解けるための条件を調べていますが，それによると
$$x^5+5x+5t = 0$$
は，t が5で割りきれない整数のときには代数的には解けないのです．この方程式は，実解が1つの場合となっているのですが．」
と先生がいわれた．皆の興味は，代数的な解法が不可能であるということから，しだいに代数的に解けるのはどんなときなのだろうかという問題へと移ってきたようだった．

かず子さんが

「方程式が代数的に解かれるための条件というのはわかっているのですか．」

と核心をつくような質問をした．皆は先生がどんな答をされるのかと先生の方に顔を向けた．

「そうです．方程式の中で代数的に解けないものがあることがわかると，当然それではいつ解けるのだろうということが問題となってくるわけです．"歴史の潮騒"の中でも述べてあるように，この問題はアーベルが生涯関心をもち続けた問題でした．

この条件を求めるには，方程式論全体の枠組みをもっと高い立場で捉える必要があります．しかし個々の具体的な方程式の中に隠されている高い総合的な立場とはどんなものなのでしょうか．そこにガロアの天才が働いたわけです．

ガロアは 1832 年 5 月 31 日決闘によって命を絶ちましたが，決闘前夜に書かれた遺書の中に，自分の仕事は 3 つの論文にまとめられるが，その第 1 のものはすでに書かれている，と書き残されていますが，その論文は『方程式がベキ根によって解かれる条件に関する論文』と題されて，1846 年にリューヴィユによって発表されました．その論文の序文の中にも書かれている素数次の方程式が代数的に解けるための条件とは，有理数体上で述べると次のようなものです．

$f(x)=0$ を有理数体 $\mathbf{Q}$ 上で既約な素数 p 次の方程式とする．このとき $f(x)=0$ が代数的に解かれるための条件は，$f(x)$ の最小分解体 $\mathbf{K}$ が，$f(x)=0$ の解 $\alpha_1, \alpha_2, \cdots, \alpha_p$ の任意の 2 つ α_i, α_j を $\mathbf{Q}$ に添加して得られることである：$\mathbf{K}=\mathbf{Q}(\alpha_i, \alpha_j)$．

ここで最小分解体というのは，$f(x)$ がそこではじめて 1 次式に分解される体 $\mathbf{Q}(\alpha_1, \alpha_2, \cdots, \alpha_p)$ のことで，それが実は，$\mathbf{Q}(\alpha_i, \alpha_j)$ と一致するというのです．」

道子さんが少しけげんそうな顔で，

「これが代数的に解けるための必要十分条件ならば，クロネッカーが示した 5 次方程式が代数的に解けるための必要条件，実解は 1 つか，全部という条件は，このガロアの条件から導かれるのですか．」

と聞いた．先生の答は明快だった．

「そうなのです．有理係数の 5 次方程式は少なくとも 1 つ実解をもちます．虚解はすべて共役複素数として対で現われます．ですから実解の個数は 1 か，3 か，5 です．実解の個数が 3 のときには，実解を $\alpha_1, \alpha_2, \alpha_3$, 虚解を $\beta, \bar{\beta}$ とすると，$\mathbf{Q}(\alpha_1, \alpha_2)$ の中には $\beta, \bar{\beta}$ は含まれません．したがってガロアの条件が成り立たない場合となって，このときは代数的に解けないのです．」

かず子さんが小さな声で

「むずかしそうですが，ガロアの条件を勉強したければどんな本を参照するとよいのでしょうか．」

と聞いた．

「ガロアの条件をもっとよく知るためには，本格的にガロア理論を勉強することが必要になります．解説的なものではなかなか本質がつかめないですね．かなり程度が高いのですが，藤崎源二郎『体とガロア理論』（岩波書店）がよいでしょう．」

問 題

[1] 5 次方程式
$$X^5+A_1X^4+A_2X^3+A_3X^2+A_4X+A_5=0$$
は，$x=X+\dfrac{A_1}{5}$ とおくと
$$x^5+a_2x^3+a_3x^2+a_4x+a_5=0 \qquad (*)$$
となることを示しなさい．（以下の問題では $(*)$ の解を x_1, x_2, x_3, x_4, x_5 とする．）

[2] $s_k = x_1{}^k + x_2{}^k + x_3{}^k + x_4{}^k + x_5{}^k$ とおく．

(1) $s_1 = 0, s_2 = -2a_2$ を示しなさい．

(2) $s_3 = -3a_3$ を示しなさい（ヒント：$\sum x_i{}^3 = (\sum x_i)^3 - 3(\sum x_i)(\sum_{i<j} x_ix_j) + 3 \sum_{i<j<k} x_ix_jx_k$）．（さらに実際は $s_4 = 2a_2{}^2 - 4a_4$ が成り立つ．）

[3] $y_i = x_i{}^2 + px_i + q \ (i=1,2,3,4,5)$ とおき，
$$\varphi(y) = (y-y_1)(y-y_2)(y-y_3)(y-y_4)(y-y_5)$$

とする．
(1) $q=\frac{2}{5}a_2$ にとると $\sum y_i=0$ となることを示しなさい．
(2) $\sum y_i^2 = s_4+2ps_3+(p^2+2q)s_2+5q^2$ となることを示しなさい．
(3) $s_4=2a_2^2-4a_4$ も使うと，$q=\frac{2}{5}a_2$ のとき

$$\sum y_i^2 = -2a_2p^2-6a_3p+\frac{6}{5}a_2^2-4a_4$$

となることを確かめなさい．
(4) (3)の右辺の式を p の2次式とみて，その1つの解を p として選び，また $q=\frac{2}{5}a_2$ と決めると

$$\varphi(y) = y^5+c_3y^2+c_4y+c_5$$

となることを示しなさい．

(注意：上の x から y への変換と同様なことを3次方程式に使ってみると，y についての3次方程式は $y^3+c_3=0$ となって解ける形となる．この解を用いて $y=x^2+px+q$ を解くと，もとの3次方程式の解が得られる．)

[4] $x^5+ax+b=0\ (a \neq 0)$ で，$x=ty$ とおいて適当に t を選ぶと，$y^5+y+c=0$ とできることを示しなさい．

お茶の時間

質問 たったいま問題を解いてみて知ったのですが，$y=x^2+px+q$ として未知数を x から y へと変換すると，5次方程式は x^4, x^3 の係数を0にすることができるのですね．このような未知数のおきかえで，5次方程式は一体どこまで簡単な形に還元されるのですか．

答 一般に方程式 $f(x)=0$ で，未知数 x を $y=\frac{g(x)}{h(x)}$（$g(x), h(x)$ は x の整式；$f(x)=0$ の解 α に対しては $h(\alpha) \neq 0$）の形の新しい未知数 y でおきかえることを，チルンハウゼンの変換という．5次方程式は，問題で示したように

$$x^5+c_3x^2+c_4x+c_5 = 0$$

の形にまで還元できるが，さらに適当な3次式 $g(x)$，4次式 $h(x)$，また適当な数 a, b, c をとって $y=ax+bg(x)+ch(x)$ のような変換を行なうと

$$y^5 + c_4 y + c_5 = 0$$

のような形にまで簡単にできる．この結果は，ジェラールが19世紀半ばに発表して注目されたが，すでにブリング(1736～1798)が知っていたという．そのため5次方程式のこの形を，ブリング-ジェラールの形ということがある．問題[4]で示したように，さらに

$$y^5 + y + c = 0$$

まで簡単な形にできる．この形の5次方程式が解ければよいのだが，それが不可能だというのである．この方程式をじっと見ていると，代数的解法の不可能性ということが改めて謎めいて感じられてくる．

質問 アーベルは，方程式が代数的に解けるための条件を求めていたそうですが，アーベルはその研究の過程でどんな条件を得たのでしょうか．

答 実は $x^n - 1 = 0$ は代数的に解けるのである．すなわちこの解 $\zeta_\nu = \cos\dfrac{2\pi\nu}{n} + i\sin\dfrac{2\pi\nu}{n}$ ($\nu = 0, 1, 2, \cdots, n-1$) は有理数体に順次ベキ根を添加することにより求められるのである．n が素数 p のとき，ガウスはこの"円分方程式" $x^p - 1 = 0$ を実際，具体的に解くアルゴリズムを詳しく調べた．これはガウスが19歳になるかならないかの時に発見した正17角形の作図法と密接に関係している．$x^{17} - 1 = 0$ の解を求めるアルゴリズムは，平面上で定規とコンパスを用いて追うことができるのである．このように素数 p (>2) に対して，正 p 角形が作図できるのは，p が $2^{2^k} + 1$ の形の素数のときであって，それは

$$p = 3, \ 5, \ 17, \ 257, \ 65537, \ \cdots$$

のときである．

この方程式 $x^n - 1 = 0$ の解 $1, \zeta, \zeta^2, \cdots, \zeta^{n-1}$ は，$\zeta^\nu = \phi_\nu(\zeta)$ とおくと，$\phi_\mu(\phi_\nu(\zeta)) = \phi_\nu(\phi_\mu(\zeta))$ という特徴的な性質をもっている．アーベルはこの性質に注目した．アーベルが死の2ヵ月前に，クレルレ誌に発表した論文『代数的に解き得る方程式のあるクラスについて』ではアーベルは次のような性質をもつ方程式は代数的に解けることを証明した．"方程式 $f(x) = 0$ の解 $x_0, x_1, \cdots, x_{n-1}$ は1つの解 x_0 の有理関数として $x_\nu = \phi_\nu(x_0)$ と表わされており，さらに $\phi_\mu(\phi_\nu(x_0))$

$=\phi_\nu(\phi_\mu(x_0))$ が成り立つ."

　クロネッカーは，この定理によってアーベルが"可換性"を，はじめてはっきりと数学の中に取り出したと感じたようである．クロネッカーは1853年に，この性質をみたす整係数の方程式の解は必ず1のベキ根の有理関数として表わされるという重要な結果を証明したが，その際彼はこの性質をみたす方程式をアーベル方程式といったのである．

金曜日
置換群と方程式

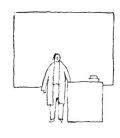

先生の話

月曜日にお話ししたように，方程式
$$f(x) = x^n + a_1 x^{n-1} + \cdots + a_{n-1} x + a_n = 0 \qquad (1)$$
の解を $x_1, x_2, \cdots, x_n$ とするとき，$x_1, x_2, \cdots, x_n$ に関する対称式 $P(x_1, x_2, \cdots, x_n)$ は，必ず $x_1, x_2, \cdots, x_n$ の基本対称式についての整式として表わすことができました．一方，基本対称式は符号の違いを除けば方程式の係数 $a_1, a_2, \cdots, a_{n-1}, a_n$ にほかなりません．したがって結局対称式 $P(x_1, x_2, \cdots, x_n)$ は係数 $a_1, a_2, \cdots, a_n$ の整式として表わすことができるということが結論されます．

昨日の話のように，体 **K** 上の方程式という考えを導入し，係数 $a_1, a_2, \cdots, a_n$ は体 **K** に含まれていると，はっきりと係数のある場所を明示したときには，この定理は次のような形で述べることができます．

> (S) $x_1, x_2, \cdots, x_n$ に関する **K** 上の整式で，対称式となっているものは，係数 $a_1, a_2, \cdots, a_n$ に関する **K** 上の整式として表わすことができる．

実際，昨日のクロネッカーの定理の証明のときには，この形で対称式の性質を使いました．方程式を解くということは，体の拡大の考えと密接に関係します．そのことは，皆さんもたぶん昨日の話から推測されたことでしょう．しかし体の拡大していくようすは，実は置換群という言葉によって書きこまれ統制されています．対称式に関する基本定理 (S) は，実はこの体の拡大と置換群の働きとの関係を明らかにする最初の地点であったといってもよいのです．だが，(S) を見る限りでは，この定理が体の拡大とどのように結びつくのかまだはっきりしませんね．まずこのことを話しておきましょう．それは今日これから話すテーマと深く関連してきます．

そのため，方程式 (1) の解 $x_1, x_2, \cdots, x_n$ に関する整式だけではなくて，体 **K** 上の有理式も考えることにします．すなわち，体 **K** 上

の 2 つの整式 $P(x_1, x_2, \cdots, x_n)$, $Q(x_1, x_2, \cdots, x_n)$ の商として表わされる有理式

$$R(x_1, x_2, \cdots, x_n) = \frac{P(x_1, x_2, \cdots, x_n)}{Q(x_1, x_2, \cdots, x_n)} \qquad (2)$$

を考えることにします．いま $R(x_1, x_2, \cdots, x_n)$ は $x_1, x_2, \cdots, x_n$ に関して対称式であるとしてみましょう．すなわち文字 $x_1, x_2, \cdots, x_n$ の順序を $x_{i_1}, x_{i_2}, \cdots, x_{i_n}$ にとりかえても式が変わらない，すなわち

$$R(x_{i_1}, x_{i_2}, \cdots, x_{i_n}) = R(x_1, x_2, \cdots, x_n) \qquad (3)$$

が成り立つとします．月曜日のように置換の記号

$$\tau = \begin{pmatrix} 1 & 2 & \cdots & n \\ i_1 & i_2 & \cdots & i_n \end{pmatrix}$$

を使って $\tau R(x_1, x_2, \cdots, x_n) = R(x_{i_1}, x_{i_2}, \cdots, x_{i_n})$ と表わすことにすると，(3)は簡単に

$$\tau R = R$$

と書くことができます．このことは(2)でいうと，適当な **K** の数 $\alpha_\tau (\neq 0)$ があって

$$\tau P = \alpha_\tau P, \qquad \tau Q = \alpha_\tau Q$$

と，分子，分母に同じ比例定数 α_τ がかかることを意味しています．ここで，たとえば τP と書いたのはもちろん

$$\tau P(x_1, x_2, \cdots, x_n) = P(x_{i_1}, x_{i_2}, \cdots, x_{i_n})$$

のことです．ですから R が対称式だからといって，(2)の表現からただちに P と Q が対称式であると結論することはできません．しかし分数に対する基本的なルール

$$\frac{A}{B} = \frac{C}{D} \quad \text{ならば} \quad \frac{A}{B} = \frac{A+C}{B+D}$$

がありますから，$R = \tau R$ から

$$\frac{P}{Q} = \frac{\tau P}{\tau Q} \quad \text{ならば} \quad \frac{P}{Q} = \frac{P + \tau P}{Q + \tau Q} \qquad (\text{すべての置換 } \tau \text{ で})$$

となり，したがってまた

$$\tilde{P} = \sum_\tau \tau P, \qquad \tilde{Q} = \sum_\tau \tau Q \qquad (\sum \text{ はすべての置換 } \tau \text{ に対する和})$$

とおくと

$$R = \frac{\tilde{P}}{\tilde{Q}}$$

となって，このような補正のあとでは，$\tilde{P}, \tilde{Q}$ は $x_1, x_2, \cdots, x_n$ に関する対称式となります．(このときどんな置換 τ をとっても $\tau\tilde{P} = \tilde{P}$, $\tau\tilde{Q} = \tilde{Q}$ となることを確かめてみてください．もっともこのことはすぐあとで述べる置換全体は群をつくるということを知ってからの方がよいかもしれません．) (S) によって $\tilde{P}, \tilde{Q}$ は $a_1, a_2, \cdots, a_n$ に関する **K** 上の整式として表わされます：

$$\tilde{P}(x_1, x_2, \cdots, x_n) = \Phi(a_1, a_2, \cdots, a_n)$$
$$\tilde{Q}(x_1, x_2, \cdots, x_n) = \Psi(a_1, a_2, \cdots, a_n)$$

したがって結局

$$R(x_1, x_2, \cdots, x_n) = \frac{\Phi(a_1, a_2, \cdots, a_n)}{\Psi(a_1, a_2, \cdots, a_n)}$$

と表わされることがわかりました．

ところが，**K** に $x_1, x_2, \cdots, x_n$ を添加したとき得られる体 **K**$(x_1, x_2, \cdots, x_n)$ の数は，ちょうど $x_1, x_2, \cdots, x_n$ の有理式として表わされるようなものからなっていました．ですからこのことは，体 **K** から体 **K**$(x_1, x_2, \cdots, x_n)$ へと拡大したとき，$x_1, x_2, \cdots, x_n$ の置換で変わらないものは，**K** の数であるということをいっていることになります．

この関係をもっとはっきりいうためには，方程式(1)の係数を文字(変数！)とみるのがよいのです．そのとき対応して $x_1, x_2, \cdots, x_n$ も文字(変数！)となります．2つの文字の組 $a_1, a_2, \cdots, a_n$ と $x_1, x_2, \cdots, x_n$ とは解と係数の関係で結ばれています．そこで

$$\mathbf{K} = \mathbf{Q}(a_1, a_2, \cdots, a_n)$$

とおきます．**K** の元は $a_1, a_2, \cdots, a_n$ の **Q** 上の有理式です．(1)はこのとき **K** 上の方程式と見なせます．またこの"基礎体"**K** に $x_1, x_2, \cdots, x_n$ を添加した体

$$\mathbf{K}(x_1, x_2, \cdots, x_n)$$

の元は，$x_1, x_2, \cdots, x_n$ の有理式です．この有理式が **K** に属するための必要十分条件が実質的には (S) で与えられているわけです．そ

こでこの立場に立って (S) を書き直すと次のようになります．

> (S′) $K(x_1, x_2, \cdots, x_n)$ の元の中で，$x_1, x_2, \cdots, x_n$ についてのすべての置換で不変となっているものが，ちょうど K に属している．

体 K を体 $K(x_1, x_2, \cdots, x_n)$ へと拡大していくことを，建物の 1 階から，上の階へと上っていくことにたとえれば，n 個の文字の置換全体は階段のような役目をしているといってもよいかもしれません．どんな置換をとっても変わらない元は，階段に一歩も足をかけていないようなもので，下の階 K に属しているといってよいでしょう．それでは $x_1, x_2, \cdots, x_n$ のある置換で変わらないような $K(x_1, x_2, \cdots, x_n)$ の元は，K からどれくらいこの階段を上ったところにあるのでしょうか．

今日はこのような観点から方程式の解法をみていくことにします．

置換群

私たちに必要なのは置換群であるが，まず抽象的な群の定義を与えておこう．

> **定義** ものの集り G が次の条件をみたすとき，**群**という．
> (i) G の任意の 2 つの元 a, b に対して，**乗法**，または**積**とよばれる演算 ab が定義されている．
> (ii) 3 つの元 a, b, c に対して
> $$a(bc) = (ab)c$$
> (iii) **単位元**とよばれる元 e があって，すべての元 a に対して
> $$ae = ea = a$$
> (iv) すべての元 a に対して，a の**逆元**とよばれる a^{-1} が存在して
> $$aa^{-1} = a^{-1}a = e$$
> が成り立つ．

私たちはいままで何度も話に出てきた n 個の文字の置換全体が，この定義にしたがって群となっていることを確かめたい．n 個の文字の置換といっても，どの番号のものがどの番号へ移るかが問題なので，文字の代りに番号だけに注目して，$\{1, 2, \cdots, n\}$ の置換の全体を考えれば十分である．$\{1, 2, \cdots, n\}$ の置換とは，いいかえれば $\{1, 2, \cdots, n\}$ の並べかえの仕方のことであり，それはまた $\{1, 2, \cdots, n\}$ から自分自身の上への1対1写像といってもよい．置換は

$$\tau = \begin{pmatrix} 1 & 2 & \cdots & n \\ i_1 & i_2 & \cdots & i_n \end{pmatrix}$$

のように表わすが，これを1対1写像と考えれば $\tau(1) = i_1$, $\tau(2) = i_2$, $\cdots$, $\tau(n) = i_n$ と表わされる．そこでこの置換について群の定義 (ⅰ), (ⅱ), (ⅲ), (ⅳ) が成り立つことを確かめよう．

　（ⅰ）　τ, κ を置換とすると，これらは $\{1, 2, \cdots, n\}$ から $\{1, 2, \cdots, n\}$ への1対1写像である．この合成写像 $\tau \circ \kappa$ はまた $\{1, 2, \cdots, n\}$ から $\{1, 2, \cdots, n\}$ への1対1写像となる．この置換を $\tau\kappa$ と表わし，τ と κ の**積**という．

　たとえば

$$\begin{pmatrix} 1 & 2 & 3 \\ 2 & 3 & 1 \end{pmatrix} \begin{pmatrix} 1 & 2 & 3 \\ 1 & 3 & 2 \end{pmatrix} = \begin{pmatrix} 1 & 2 & 3 \\ 2 & 1 & 3 \end{pmatrix}$$

$$\begin{pmatrix} 1 & 2 & 3 & 4 \\ 3 & 1 & 4 & 2 \end{pmatrix} \begin{pmatrix} 1 & 2 & 3 & 4 \\ 4 & 3 & 2 & 1 \end{pmatrix} = \begin{pmatrix} 1 & 2 & 3 & 4 \\ 2 & 4 & 1 & 3 \end{pmatrix}$$

となる．

　（ⅱ）　合成写像の積として $\tau \circ (\kappa \circ \mu) = (\tau \circ \kappa) \circ \mu$ が成り立つから置換の積として $\tau(\kappa\mu) = (\tau\kappa)\mu$ となる．

　（ⅲ）　恒等置換 $\begin{pmatrix} 1 & 2 & \cdots & n \\ 1 & 2 & \cdots & n \end{pmatrix}$ を**単位元** e とするとよい．

　（ⅳ）　写像と考えて，τ の逆写像 τ^{-1} を τ の**逆元**とするとよい．

　たとえば

$$\tau = \begin{pmatrix} 1 & 2 & 3 \\ 3 & 1 & 2 \end{pmatrix}$$

のとき

$$\tau^{-1} = \begin{pmatrix} 1 & 2 & 3 \\ 2 & 3 & 1 \end{pmatrix}$$

である（τ^{-1} を求めるときには τ の下の列の $1, 2, 3$ の上にある数を読む）．また，

$$\tau = \begin{pmatrix} 1 & 2 & 3 & 4 \\ 4 & 1 & 2 & 3 \end{pmatrix}$$

のとき

$$\tau^{-1} = \begin{pmatrix} 1 & 2 & 3 & 4 \\ 2 & 3 & 4 & 1 \end{pmatrix}$$

である．

したがって n 個の文字 $\{1, 2, \cdots, n\}$ の置換全体は群をつくる．これらの置換の総数は $n!$ 個ある．

> **定義** n 個の文字 $\{1, 2, \cdots, n\}$ の置換全体のつくる群を（n 次の）**対称群**といい，S_n で表わす．

なお，置換群では一般には $ab \neq ba$ となっている．たとえば

$$a = \begin{pmatrix} 1 & 2 & 3 \\ 3 & 1 & 2 \end{pmatrix}, \quad b = \begin{pmatrix} 1 & 2 & 3 \\ 2 & 1 & 3 \end{pmatrix}$$

とすると

$$ab = \begin{pmatrix} 1 & 2 & 3 \\ 1 & 3 & 2 \end{pmatrix}$$

であるが

$$ba = \begin{pmatrix} 1 & 2 & 3 \\ 3 & 2 & 1 \end{pmatrix}$$

となり，$ab \neq ba$ である．

置換の表わし方——巡回置換

置換の表わし方として巡回置換の積として表わす表わし方がある．それを 5 つの文字の置換の場合に以下の例で説明しよう．

(a) $\begin{pmatrix} 1 & 2 & 3 & 4 & 5 \\ 1 & 5 & 2 & 3 & 4 \end{pmatrix} = (2\ 5\ 4\ 3)$

(b) $\begin{pmatrix} 1 & 2 & 3 & 4 & 5 \\ 2 & 1 & 5 & 3 & 4 \end{pmatrix} = (1\ 2)(3\ 5\ 4)$

(c) $\begin{pmatrix} 1 & 2 & 3 & 4 & 5 \\ 2 & 1 & 4 & 3 & 5 \end{pmatrix} = (1\ 2)(3\ 4)$

(a)の置換では1は止まっているが，2は5へ，5は4へ，4は3へ，3は2へと移り，そこに置換の1つのサイクルが完結する．この置換のサイクルを**巡回置換**といって(2 5 4 3)と表わす．1は止まっているので書かない約束にしておくと，右辺に示したような表わし方になる．

(b)の置換では，1と2の間に1つの巡回置換があり，3,5,4の間に1つの巡回置換がある．(b)の置換はこの2つの巡回置換を行なって得られるから，右辺のようにこの2つの巡回置換の積として表わされる．この右辺は積の順序をとりかえて(3 5 4)(1 2)と書いても同じである．

(c)の置換は2つの巡回置換(1 2),(3 4)からなっている．5はこの置換で動かないので右辺の方には書かれていない．

たとえばこの表わし方では

$$\begin{pmatrix} 1 & 2 & 3 & 4 & 5 & 6 & 7 \\ 2 & 7 & 1 & 5 & 4 & 6 & 3 \end{pmatrix} = (1\ 2\ 7\ 3)(4\ 5)$$

となる．

とくに2つの文字の入れかえ，たとえば1と2の入れかえは巡回置換であって，(1 2)と表わされる．このような特別な置換を**互換**という．ところがどんな置換も互換の積として表わすことができるのである．このことを次の例で説明してみよう．

(d) $\tau = \begin{pmatrix} 1 & 2 & 3 & 4 & 5 & 6 \\ 3 & 4 & 5 & 1 & 6 & 2 \end{pmatrix}$ は恒等置換から出発して，次々と互換を繰り返して

$\begin{pmatrix} 1 & 2 & 3 & 4 & 5 & 6 \\ 1 & 2 & 3 & 4 & 5 & 6 \end{pmatrix} \xrightarrow{(1\ 3)} \begin{pmatrix} 1 & 2 & 3 & 4 & 5 & 6 \\ 3 & 2 & 1 & 4 & 5 & 6 \end{pmatrix} \xrightarrow{(2\ 4)} \begin{pmatrix} 1 & 2 & 3 & 4 & 5 & 6 \\ 3 & 4 & 1 & 2 & 5 & 6 \end{pmatrix}$

$$\xrightarrow{(1\ 5)} \begin{pmatrix} 1 & 2 & 3 & 4 & 5 & 6 \\ 3 & 4 & 5 & 2 & 1 & 6 \end{pmatrix} \xrightarrow{(1\ 2)} \begin{pmatrix} 1 & 2 & 3 & 4 & 5 & 6 \\ 3 & 4 & 5 & 1 & 2 & 6 \end{pmatrix} \xrightarrow{(2\ 6)} \begin{pmatrix} 1 & 2 & 3 & 4 & 5 & 6 \\ 3 & 4 & 5 & 1 & 6 & 2 \end{pmatrix} = \tau$$

として得られる．カゲをつけた部分は，しだいに τ の置換と一致していく部分を示している．したがって

$$\begin{pmatrix} 1 & 2 & 3 & 4 & 5 & 6 \\ 3 & 4 & 5 & 1 & 6 & 2 \end{pmatrix} = (2\ 6)(1\ 2)(1\ 5)(2\ 4)(1\ 3) \qquad (4)$$

である．

この互換の選び方は次のように考えるとわかりやすい．運動会で $100\,\mathrm{m}$ 競争をするため，先生が $1,2,3,\cdots,6$ と背番号のついた順で整列している 6 人の生徒を，τ で示してあるような $3,4,5,1,6,2$ の配置で 1 番目から 6 番目までのコースにつけたいとする．このとき，まず 1 番目のコースに 3 をおくため，1 と 3 の背番号の生徒を入れかえるだろう．次に 2 番目のコースに 4 をおくため，2 と 4 の背番号の生徒を入れかえるだろう．このように次々と 2 人ずつ入れかえをしていけば，最後に先生は所期の目的を達することができるだろう．それが上に書かれている内容である．

この説明から次の命題が成り立つことがわかるだろう．

> どんな置換も互換の積として表わすことができる．

もっとも読者の中には恒等置換をどのように互換の積として表わすのだろうと考えられる人もいるかもしれない．互換の個数が 0 は恒等置換であると約束してもよいけれども，たとえば 3 つの文字の場合

$$\begin{pmatrix} 1 & 2 & 3 \\ 1 & 2 & 3 \end{pmatrix} = (1\ 2)(1\ 2)$$

と表わすこともできる．

偶置換と奇置換

置換は互換の積として表わすことができるけれども，この表わし方は 1 通りではない．前の 1 番目から 6 番目までのコースに生徒を

並べる例でいえば，先生が途中で生徒を並べる順番を間違ったとする．間違いに気づいたところで，また2人ずつ入れかえることにより，結局は正しい並べ方にすることができるだろう．このときの互換のとり方は，最初のときとは違っている．このことを互換の積として表わしておいてみよう．(d)で示した置換 $\tau = \begin{pmatrix} 1 & 2 & 3 & 4 & 5 & 6 \\ 3 & 4 & 5 & 1 & 6 & 2 \end{pmatrix}$ をとる．

$$\begin{pmatrix} 1 & 2 & 3 & 4 & 5 & 6 \\ 1 & 2 & 3 & 4 & 5 & 6 \end{pmatrix} \xrightarrow{(2\ 4)(1\ 3)} \begin{pmatrix} 1 & 2 & 3 & 4 & 5 & 6 \\ 3 & 4 & 1 & 2 & 5 & 6 \end{pmatrix}$$

ここまできて，先生が間違って

$$\xrightarrow{(2\ 5)(1\ 6)} \begin{pmatrix} 1 & 2 & 3 & 4 & 5 & 6 \\ 3 & 4 & 6 & 5 & 2 & 1 \end{pmatrix}$$

と並べてしまったとする．ここで間違いに気がつくと先生は

$$\xrightarrow{(5\ 6)} \begin{pmatrix} 1 & 2 & 3 & 4 & 5 & 6 \\ 3 & 4 & 5 & 6 & 2 & 1 \end{pmatrix} \xrightarrow{(1\ 6)} \begin{pmatrix} 1 & 2 & 3 & 4 & 5 & 6 \\ 3 & 4 & 5 & 1 & 2 & 6 \end{pmatrix} \xrightarrow{(2\ 6)} \begin{pmatrix} 1 & 2 & 3 & 4 & 5 & 6 \\ 3 & 4 & 5 & 1 & 6 & 2 \end{pmatrix} = \tau$$

として，結局正しい並べ方に直すだろう．このことは，置換 τ は，(4)とは別に

$$\tau = (2\ 6)(1\ 6)(5\ 6)(2\ 5)(1\ 6)(2\ 4)(1\ 3) \tag{5}$$

と互換の積で表わすこともできることを示している．

このように置換を互換の積として表わす表わし方は1通りではないが，しかし偶数個の互換の積として表わされるか奇数個の互換の積で表わされるかは一定しているのである．たとえば τ を互換の積として表わす(4)と(5)を比べてみると，(4)は5個，(5)は7個であり，ともに奇数である．一般に次の定理が成り立つ．

> **定理** 1つの置換を互換の積として表わすとき，そこに現われる互換の個数が偶数か奇数かは，置換によって一定している．

この定理は月曜日で述べた差積を用いて証明されるが，これはあとで問題として取り上げることにしよう（問題[1]参照）．

> **定義** 偶数個の互換の積として表わされる置換を**偶置換**，奇数個の互換の積として表わされる置換を**奇置換**という．

交　代　群

　　対称群 S_n の中から2つの偶置換 τ, κ をとると，$\tau\kappa$ は偶置換となる．それは τ と κ を表わす偶数個の互換の積を全部かけ合わせると，$\tau\kappa$ を表わす互換の積となるが，ここに現われる互換の個数はやはり偶数となることからわかる．また τ^{-1} も偶置換となる．このことをみるには恒等置換から2つずつ入れかえて τ に達する手続きを逆にすると τ^{-1} が得られるから，といってもよいし，または同じことであるが

$$\tau = (i_1\ i_1')(i_2\ i_2')\cdots(i_k\ i_k')$$

のとき

$$\tau^{-1} = (i_k\ i_k')\cdots(i_2\ i_2')(i_1\ i_1')$$

となることに注意してもよい（一般に $(i\ j)(i\ j)=e$（恒等置換）であり，したがって $(i\ j)^{-1}=(i\ j)$ なのである）．

　　このことは対称群 S_n の中で，偶置換全体は置換の積によって群をつくっていることを示している．一般的な言葉づかいでは，群 G の部分集合 H が，群 G の演算を H に限ってみたとき，やはり H が群になっているとき，H を G の**部分群**という．この言葉にあわせて次の定義を述べる．

> **定義**　対称群 S_n の中で，偶置換全体のつくる部分群を A_n と表わし，A_n を（n 次の）**交代群**という．

　　たとえば S_3 は次の6個の置換からなる（互換で移り合っていくようすを $\xrightarrow{(i\ j)}$ で表わしてある）．

$$\begin{pmatrix} 1 & 2 & 3 \\ 1 & 2 & 3 \end{pmatrix} \xrightarrow[(1\ 3)]{(1\ 2)} \begin{pmatrix} 1 & 2 & 3 \\ 2 & 1 & 3 \end{pmatrix}$$

$$\begin{pmatrix} 1 & 2 & 3 \\ 2 & 3 & 1 \end{pmatrix} \xrightarrow[(1\ 2)]{(2\ 3)} \begin{pmatrix} 1 & 2 & 3 \\ 3 & 2 & 1 \end{pmatrix}$$

$$\begin{pmatrix} 1 & 2 & 3 \\ 3 & 1 & 2 \end{pmatrix} \xrightarrow{(1\ 3)} \begin{pmatrix} 1 & 2 & 3 \\ 1 & 3 & 2 \end{pmatrix}$$

このとき左側に並ぶ置換は，偶数個の互換の積として表わされている．したがって3次の交代群 A_3 は

$$A_3 = \left\{ \begin{pmatrix} 1 & 2 & 3 \\ 1 & 2 & 3 \end{pmatrix}, \begin{pmatrix} 1 & 2 & 3 \\ 2 & 3 & 1 \end{pmatrix}, \begin{pmatrix} 1 & 2 & 3 \\ 3 & 1 & 2 \end{pmatrix} \right\}$$

である．

　一般に対称群 S_n の中に，偶置換と奇置換は同じ個数だけ存在する．そのことは，偶置換の集りから奇置換の集りへの写像：$\tau \to$ $(1\ 2)\tau$ が1対1となっていることを確かめるとよい（問題［2］参照）．対称群の元の個数は $n!$ だから，したがって交代群 A_n の元の個数は $\dfrac{n!}{2}$ となる．上の例でも，$n=3$ のとき，A_3 の元の個数は $\dfrac{3!}{2}=3$ となっている．

置換群の働きと不変性

　さて，置換群の概念の導入もだいたいすんだので，これから方程式と置換群との関係に少しずつ入っていくことにしよう．
　n 次方程式

$$f(x) = x^n + a_1 x^{n-1} + a_2 x^{n-2} + \cdots + a_{n-1} x + a_n = 0 \quad (6)$$

で，係数 $a_1, a_2, \cdots, a_n$ は文字（変数）と考えることにする．そして基礎となる体として

$$\mathbf{K} = \mathbf{Q}(a_1, a_2, \cdots, a_n)$$

をとる．$f(x)=(x-x_1)(x-x_2)\cdots(x-x_n)$ と因数分解されたとすると，$x_1, x_2, \cdots, x_n$ は文字式と考えたときの方程式 $f(x)=0$ の解である．$a_1, a_2, \cdots, a_n$ と $x_1, x_2, \cdots, x_n$ とは解と係数の関係

$$a_k = (-1)^k \sum_{i_1 < i_2 < \cdots < i_k} x_{i_1} x_{i_2} \cdots x_{i_k} \quad (7)$$

で結ばれている．したがって右辺のように表わされている式は基礎体 $\mathbf{K}$ に属しているのである．

　今日最初の"先生の話"に述べられていたことを，対称群 S_n の言葉を使っていい直せば，$\mathbf{K}(x_1, x_2, \cdots, x_n)$ には対称群 S_n が働いているということになる．すなわち $\mathbf{K}(x_1, x_2, \cdots, x_n)$ の元 R は $x_1, x_2,$

$\cdots, x_n$ に関する有理関数として表わされているが，S_n の元 τ は，このとき $x_1, x_2, \cdots, x_n$ の間の置換として働いている．この τ の働きを，"先生の話"にすでに使われていた記法 τR で表わすことにする．

たとえば $n=3$, $\tau = \begin{pmatrix} 1 & 2 & 3 \\ 3 & 1 & 2 \end{pmatrix}$, $R(x_1, x_2, x_3) = \dfrac{5x_1}{a_1 x_3{}^3 - 2a_2 x_2}$ のとき

$$\tau R(x_1, x_2, x_3) = \frac{5x_3}{a_1 x_2{}^3 - 2a_2 x_1}$$

である．

なお，$a_1, a_2, \cdots, a_n$ は(7)から，S_n の働きでは動かないことを注意しておこう．このとき，"先生の話"の最後に述べられていたことは次のような定理の形としていい表わすことができる．

定理Ⅰ $\mathbf{K}(x_1, x_2, \cdots, x_n)$ の元で，S_n の働きで不変なものが，ちょうど $\mathbf{K}$ の元になっている．

次に私たちは，$\mathbf{K}(x_1, x_2, \cdots, x_n)$ の元で交代群 A_n の働きで不変なものは，どのように特性づけられるかを知りたいのである．

$\mathbf{K}(x_1, x_2, \cdots, x_n)$ の元で，S_n の働きで不変なものは，もちろん S_n の一部分である A_n の働きでも不変である．しかし，A_n の働きで不変であっても，S_n の働きでつねに不変になっているとは限らい．そのような $\mathbf{K}(x_1, x_2, \cdots, x_n)$ の元としては，月曜日"先生との対話"の最後に述べた差積

$$P = \prod_{i<j}(x_i - x_j)$$

がある．P は交代式で（月曜日，問題［2］参照），したがって x_i と x_j $(i \neq j)$ をとりかえると符号が変わる．すなわち互換 $(i\ j)$ の働きで P は $-P$ となる:

$$(i\ j)P = -P \qquad (i \neq j)$$

このことはまず差積 P は，S_n の働きで不変ではなく，したがって基礎体 $\mathbf{K}$ には属していないことを示している．しかし互換を2度繰り返すと P は不変となっている．すなわち $i \neq j$, $k \neq l$ に対して

$$(k\ l)(i\ j)P = -(k\ l)P = -(-P) = P$$

したがって，偶数個の互換の積として表わされる置換，すなわち交

代群 A_n に属する置換では P は不変である．

方程式(6)の判別式を Δ とすると，Δ と P の間には
$$\Delta = P^2$$
という関係があるが，Δ は $x_1, x_2, \cdots, x_n$ に関する対称式だから(15頁参照) $\Delta \in \mathbf{K}$ である．私たちは方程式(6)の判別式の方を中心に考えたいので，
$$P = \sqrt{\Delta}$$
と表わすことにする．

そこで $\mathbf{K}$ に $\sqrt{\Delta}$ を添加した体 $\mathbf{K}(\sqrt{\Delta})$ を考える．$\sqrt{\Delta} = P$ は $\mathbf{K}(x_1, x_2, \cdots, x_n)$ の元だから明らかに
$$\mathbf{K} \subset \mathbf{K}(\sqrt{\Delta}) \subset \mathbf{K}(x_1, x_2, \cdots, x_n)$$
という包含関係が成り立つ．

このとき定理Ⅰに対応して，次の定理Ⅱが成り立つ．

> **定理Ⅱ** $\mathbf{K}(x_1, x_2, \cdots, x_n)$ の元で，A_n の働きで不変なものが，ちょうど $\mathbf{K}(\sqrt{\Delta})$ の元となっている．

［証明］ まず $\mathbf{K}(\sqrt{\Delta})$ の元は，$\mathbf{K}$ 上の $\sqrt{\Delta} = P$ についての有理式だから，A_n の元の働きでは不変であることを注意しておこう．

逆に $\mathbf{K}(x_1, x_2, \cdots, x_n)$ の元で，A_n の働きで不変なものは必ず $\mathbf{K}(\sqrt{\Delta})$ に属していることを証明しよう．$\mathbf{K}(x_1, x_2, \cdots, x_n)$ の元は $x_1, x_2, \cdots, x_n$ に関する有理式として表わされるが，簡単のためここでは $x_1, x_2, \cdots, x_n$ の整式 $\varphi(x_1, x_2, \cdots, x_n)$ として表わされる元で A_n で不変なものは，必ず $\mathbf{K}(\sqrt{\Delta})$ に含まれていることだけを示すことにしよう．

まず S_n の元 κ が A_n に属しないときには（すなわち κ が奇置換のときには），A_n の適当な元 τ（すなわち偶置換）をとると，必ず
$$\kappa = (1\ 2)\tau \tag{8}$$
と表わされることを注意しておこう．実際 $(1\ 2)(1\ 2)$ は恒等置換に等しいから，$\tau = (1\ 2)\kappa$ とおくと，$\tau \in A_n$ で $\kappa = (1\ 2)\tau$ が成り立つ．

もし φ が対称式ならば，$\varphi \in \mathbf{K}$ となっているから問題はない．そ

こで φ は対称式ではないが，A_n の元では不変となっている場合を考えよう．このときある奇置換 κ で $\kappa\varphi \neq \varphi$ となる．そこで $\kappa\varphi = \varphi_1$ とおき，(8)にしたがって $\kappa = (1\ 2)\tau$ とおくと，τ は偶置換で

$$\varphi_1 = \kappa\varphi = (1\ 2)\tau\varphi = (1\ 2)\varphi \quad (\varphi は A_n で不変だから)$$

この両辺に (1 2) を適用してみると

$$\varphi = (1\ 2)\varphi_1$$

となることがわかる．すなわち，1回互換を行なうたびに "φ と φ_1 が互換する".

したがって

$$\begin{aligned}\tau \in A_n & \quad ならば \quad \tau\varphi = \varphi,\ \tau\varphi_1 = \varphi_1 \\ \tau \notin A_n & \quad ならば \quad \tau\varphi = \varphi_1,\ \tau\varphi_1 = \varphi\end{aligned} \quad (9)$$

となる．いま

$$\Phi = \frac{\varphi + \varphi_1}{2}, \quad \Psi = \frac{\varphi - \varphi_1}{2} \quad (10)$$

とおくと，(9)から

$$\mu\Phi = \Phi, \quad \mu \in S_n$$
$$\mu\Psi = \begin{cases} \Psi & \mu \in A_n \\ -\Psi & \mu \notin A_n \end{cases}$$

が得られ，したがって Φ は対称式であるが，Ψ は奇置換，とくに互換で符号を変えるから交代式である．

$$\frac{\Psi}{\sqrt{\Delta}} = \Lambda$$

とおくと，交代式を交代式で割っているので Λ は対称式となる．一方(10)から $\varphi = \Phi + \Psi$ だから，結局

$$\varphi = \Phi + \sqrt{\Delta}\Lambda \quad (\Phi, \Lambda は対称式)$$

と表わされることがわかった．定理Ⅰから $\Phi, \Lambda \in \mathbf{K}$ である．したがってこの式は

$$\varphi \in \mathbf{K}(\sqrt{\Delta})$$

のことを示している．これで証明された． （証明終り）

3次方程式の解法と置換群

この定理 I, II を用いると，火曜日に述べたカルダーノの3次方程式の解法を，もう少し分析的に見直すことができる．それはラグランジュの創意によるものであって，そこから置換群と方程式のかかわりが生じてきたのである．

いま，a, b を文字とし，a, b を係数とする3次方程式
$$f(x) = x^3 + ax + b = 0 \tag{11}$$
を考える．この方程式の解を x_1, x_2, x_3 とする．方程式の解法を考えるときには，基礎体の中には必要となる1のベキ根をつけ加えておかなくてはならない．いまの場合1の3乗根 $\omega = \dfrac{-1+\sqrt{3}i}{2}$ が必要となる．そのため基礎体として
$$\mathbf{K} = \mathbf{Q}(a, b, \omega)$$
をとることにする（もっとも解の公式を求めるようなときには，あらかじめどのような1のベキ根が必要となるかわからないから，いまの場合でも有理数体のかわりに複素数体 $\mathbf{C}$ をとって，$\mathbf{C}(a, b)$ を基礎体としてとった方がよかったかもしれない）．

ラグランジュは解 x_1, x_2, x_3 に関する1次式
$$\varphi = x_1 + \omega x_2 + \omega^2 x_3$$
の考察からスタートし，ここに解の置換をほどこすことによって得られる6つの式に注目した．

$$\varphi = x_1 + \omega x_2 + \omega^2 x_3 \underset{(1\ 2)}{\overset{(2\ 3)}{\longrightarrow}} \psi = x_1 + \omega x_3 + \omega^2 x_2$$

$$\varphi_1 = x_2 + \omega x_3 + \omega^2 x_1 \underset{(2\ 3)}{\overset{(1\ 3)}{\longrightarrow}} \psi_1 = x_2 + \omega x_1 + \omega^2 x_3$$

$$\varphi_2 = x_3 + \omega x_1 + \omega^2 x_2 \overset{(1\ 2)}{\longrightarrow} \psi_2 = x_3 + \omega x_2 + \omega^2 x_1$$

この左側に現われた $\varphi, \varphi_1, \varphi_2$ は，φ に交代群 A_3 の置換を行なったものになっており，したがってこれらの積 $\varphi \varphi_1 \varphi_2$ は A_3 の置換によって不変である．（たとえば $\tau = (1\ 2)(2\ 3) \in A_3$ を行なうと $\varphi \overset{\tau}{\longrightarrow} \varphi_1$, $\varphi_1 \overset{\tau}{\longrightarrow} \varphi_2$, $\varphi_2 \overset{\tau}{\longrightarrow} \varphi$ となり $\varphi \varphi_1 \varphi_2 \overset{\tau}{\longrightarrow} \varphi_1 \varphi_2 \varphi$ となる）．一方

$$\varphi_1 = \omega^2\varphi, \quad \varphi_2 = \omega\varphi$$

となっているから，$\varphi\varphi_1\varphi_2 = \varphi^3$ である．すなわち φ^3 は A_3 の置換で不変であり，したがって定理 II から

$$\varphi^3 \in \mathbf{K}(\sqrt{\Delta})$$

である．ここで Δ は 3 次方程式 (11) の判別式で，それは火曜日に計算してあるように

$$\Delta = -(4a^3 + 27b^2) \tag{12}$$

である．

同様に上の右側に現われた ψ, ψ_1, ψ_2 は ψ に A_3 の置換を行なって得られた式であり，$\psi_1 = \omega\psi, \psi_2 = \omega^2\psi$ だから

$$\psi^3 \in \mathbf{K}(\sqrt{\Delta})$$

となることがわかる．

さてそこで，φ^3, ψ^3 の $\mathbf{K}(\sqrt{\Delta})$ における具体的な形を知りたい．$\psi = (2\ 3)\varphi$ だから，したがってまた $\psi^3 = (2\ 3)\varphi^3$ である．したがって定理 II で用いた (10) を参照すると

$$\Phi = \frac{\varphi^3 + \psi^3}{2}, \quad \Psi = \frac{\varphi^3 - \psi^3}{2}$$

を計算することにより，φ^3 の $\mathbf{K}(\sqrt{\Delta})$ における形がわかるはずである．$\varphi^3 + \psi^3$ は対称式であって定理 I により $\mathbf{K}$ の中で求められる．$\varphi^3 - \psi^3$ は対称式でないが $(\varphi^3 - \psi^3)^2$ は対称式である．

この計算は少し手間がかかる．解と係数の関係から $\sum x_1 = 0$, $\sum x_1 x_2 = a$, $x_1 x_2 x_3 = -b$ を用いて計算すると，まず $\varphi + \psi = 3x_1$, $\varphi\psi = -3a$ となることがわかる．これを用いて x_1 は (11) の解であることに注意すると

$$\varphi^3 + \psi^3 = (\varphi + \psi)^3 - 3\varphi\psi(\varphi + \psi) = -27b$$

$$(\varphi^3 - \psi^3)^2 = (\varphi^3 + \psi^3)^2 - 4\varphi^3\psi^3$$
$$= 4 \times 27^2 \times \left(\frac{a^3}{27} + \frac{b^2}{4}\right) = 4 \times 27^2 \times \left(-\frac{1}{108}\Delta\right)$$

この計算の最後の部分で (12) から

$$-\frac{1}{108}\Delta = \left(\frac{a}{3}\right)^3 + \left(\frac{b}{2}\right)^2$$

が成り立つことを用いた．この式を簡単のため R とおくと，結局

上の計算から

$$\Phi = 27 \times \left(-\frac{b}{2}\right), \quad \Psi = 27\sqrt{R}$$

なことがわかり

$$\varphi^3 = 27\left(-\frac{b}{2} + \sqrt{R}\right)$$

となる．同様にして

$$\phi^3 = 27\left(-\frac{b}{2} - \sqrt{R}\right)$$

もわかる．

このようにして，φ^3, ϕ^3 は $\mathbf{K}(\sqrt{\Delta})$ の中で具体的な形で捉えることができた．ここでもまた簡単のため

$$A = \varphi^3, \quad B = \phi^3$$

とおく．$\mathbf{K}_1 = \mathbf{K}(\sqrt{\Delta})$ と書くことにすると $A, B \in \mathbf{K}_1$ であり，$\varphi\phi = -3a$ だから，$\varphi, \phi \in \mathbf{K}_1(\sqrt[3]{A})$ となっている．

これによって私たちは解 x_1, x_2, x_3 に関する3元1次の連立方程式

$$\begin{aligned} x_1 + x_2 + x_3 &= 0 & \text{（解と係数の関係）} \\ x_1 + \omega x_2 + \omega^2 x_3 &= \sqrt[3]{A} & (\varphi = \sqrt[3]{A} \text{ の定義式}) \\ x_1 + \omega^2 x_2 + \omega x_3 &= \sqrt[3]{B} & (\phi = \sqrt[3]{B} \text{ の定義式}) \end{aligned}$$

が得られたから，これを解いて，解 x_1, x_2, x_3 が求められるのである．実際解くと

$$\begin{aligned} x_1 &= \sqrt[3]{A} + \sqrt[3]{B} \\ x_2 &= \omega^2 \sqrt[3]{A} + \omega \sqrt[3]{B} \\ x_3 &= \omega \sqrt[3]{A} + \omega^2 \sqrt[3]{B} \end{aligned}$$

となる．これは火曜日に与えたカルダーノの公式にほかならない．

このラグランジュの解法は，カルダーノの解法より少し複雑にみえるかもしれないが，基礎体 $\mathbf{K}$ に $\sqrt{\Delta}$ を添加し，次にそこにさらにベキ根 $\sqrt[3]{A}$ を添加して体を拡大していくことにより解が得られるという仕組みがはっきりみえている．そしてどのような量が"中間体" $\mathbf{K}(\sqrt{\Delta})$ の中で捉えられるかは，3次の交代群 A_3 で不変であ

るという性質で確かめられる．このことが，いわば3次方程式の代数的解法の意味するものを，明らかにしているといってよいのである．

歴史の潮騒

1770年にヴァンデルモンドは『方程式の解について』という論文を発表したが，その中で彼はまず2次方程式の一般解を，2つの解 x_1, x_2 を用いて

$$\frac{1}{2}(x_1+x_2+\sqrt{(x_1-x_2)^2})$$

と表わした．（$\sqrt{()^2}$ は ± 1 の符号がつくと考える．）2次方程式は1つのベキ根を添加することにより解かれるが，そのベキ根はこのように"解の有理式" x_1-x_2 として表わされている．ヴァンデルモンドは，さらに一般に n 次方程式の一般解は，その解を $x_1, x_2, \cdots, x_n$ と表わすと

$$\frac{1}{n}[(x_1+x_2+\cdots+x_n)+\sqrt[n]{(\rho_1 x_1+\rho_2 x_2+\cdots+\rho_n x_n)^n}$$
$$+\sqrt[n]{(\rho_1^2 x_1+\rho_2^2 x_2+\cdots+\rho_n^2 x_n)^n}+\cdots$$
$$+\sqrt[n]{(\rho_1^{n-1} x_1+\rho_2^{n-1} x_2+\cdots+\rho_n^{n-1} x_n)^n}]$$

の形で表わされるのではないかということを問題とした．ここで $\rho_1, \rho_2, \cdots, \rho_n$ は1の n 乗根である．

方程式論の一般論を展開する道を拓いたのはラグランジュであって，1771年に『代数方程式の解についての考察』という200頁を越す注目すべき論文を発表した．ここにはガロア理論に含まれる基本的な素材はほとんど盛りこまれていたのである．ラグランジュは3次方程式

$$x^3+ax+b=0$$

で，未知数 x をカルダーノのように $x=u+v$ とおくと，u^3, v^3 は2次方程式の解となるが，u, v は方程式の解 α, β, γ によって

$$u = \frac{1}{3}(\alpha + \omega\beta + \omega^2\gamma), \quad v = \frac{1}{3}(\alpha + \omega^2\beta + \omega\gamma)$$

と表わされることを注意した(火曜日,問題[1]).ここで α, β, γ を置換すると,u と v から全体として6つの式がでるが,u^3+v^3,u^3v^3 はこの置換で不変であり,したがって α, β, γ の対称式となって,a, b の整式として表わせる.このことが u^3, v^3 が2次方程式の解として求められる理由を説明している.

これと同様の考えは4次方程式に対しても適用された.4次方程式

$$x^4 + ax^2 + bx + c = 0$$

のフェラリの解法においては,分解3次方程式

$$y^3 - ay^2 - 4cy + 4ac - b^2 = 0$$

を経由する(火曜日,37頁).このとき4次方程式の解を x_1, x_2, x_3, x_4,分解3次方程式の解を u, v, w とすると

$$u = x_1x_2 + x_3x_4, \quad v = x_1x_3 + x_2x_4, \quad w = x_1x_4 + x_2x_3 \quad (13)$$

と表わされる(火曜日,39頁).ここで x_1, x_2, x_3, x_4 をいろいろに置きかえても——$4! = 24$ 個の置換を行なっても——u, v, w の間の置換だけがひき起こされる.したがって基本対称式 $u+v+w$,$uv+uw+vw$,uvw は x_1, x_2, x_3, x_4 の対称式となり,したがって u, v, w は a, b, c の整式を係数とする3次方程式の解として得られる.これが4次方程式の解法に3次の分解方程式が現われる理由である.u, v, w は置換

$$\{e(恒等置換), (1\ 2)(3\ 4), (1\ 3)(2\ 4), (1\ 4)(2\ 3)\}$$

で不変な式であり,一方この4個の置換は4次の対称群 S_4 の中で部分群 G_4 をつくっている.

3次方程式を解くときには,S_3 の交代群 A_3 が登場し,そこに不変式 $\sqrt{\Delta}$ が解の公式に現われる理由があったが,4次方程式を解くときにはさらに部分群 G_4 も現われて,それが3次の分解方程式が立ち現われる背景をつくっていたのである.

ラグランジュはこのように,方程式の解法の中間に現われる量を方程式の解の有理関数として表わして,解の置換との関係を調べ

ことにより，このような量の現われる必然性を明らかにしようとした．方程式解法の謎はこの道をたどっていくことにより，少しずつ解きあかされていくのである．

ラグランジュはさらに係数も文字（inderminates）と考える立場をはじめて導入し，n 次の一般方程式の解 $x_1, x_2, \cdots, x_n$ の有理関数 $t(x_1, x_2, \cdots, x_n)$ を考えた．そしてやがて現われるガロア理論をはるかに予言するような次の定理を証明した．

もし $x_1, x_2, \cdots, x_n$ の有理関数 $y(x_1, x_2, \cdots, x_n)$ が $t(x_1, x_2, \cdots, x_n)$ を不変とするすべての解の置換で不変となっているならば，y は t の有理関数として表わされる．

読者はこの結果を，基礎体 $\mathbf{K}$ に t を添加して得られる体 $\mathbf{K}(t)$ に，ある量が属する条件は，t を不変とする解の置換の不変量であることであるといい直してみられるとよい．そうすると，ガロア理論を学ばれたあとで，改めてこの結果を見直してみるとラグランジュの手許にまだ用意されていなかったのは，体という概念だけだったということに気づかれるだろう．

ラグランジュの学生であり，ラグランジュを敬慕していたルフィニ（1765～1822）は，はじめて 5 次方程式の代数的解法が不可能であることを示した．1798 年に発表されたその論文のタイトルは『4 次より高次の一般方程式の代数的解法が不可能であることが示される方程式の一般理論』であった．その後第 2 論文（1802 年），第 3 論文（1813 年）でさらに彼はその理論を整備した．ルフィニは一般方程式の解の有理関数が，解の置換によってどのような対称性を示すかを調べ，それから 5 次方程式の代数的解法が不可能であることを導いた．しかしルフィニの証明には欠陥があった．それは 3 次方程式や 4 次方程式のとき途中で添加すべきベキ根は $\sqrt{\Delta} = \prod_{i<j}(x_i - x_j)$ や（13）の u, v, w のように解（と 1 のベキ根）の有理関数として表わされていたが，ルフィニは同様に，5 次方程式の解法に現われるベキ根も，解（と 1 のベキ根）の有理関数として表わせるものをとることができるということを仮定してしまったのである．ルフィニはこれに対する証明は与えなかった．そのためルフィニの一連の論文は，

同時代の人たちからは，ラグランジュを含めて，疑わしい眼で見られ，一般的に受け入れられるということはなかった．

このルフィニの論文の中では示されることのなかった事実を厳密に証明したのはアーベルであり，それによってアーベルが5次方程式の代数的解法の不可能性を明らかにした最初の数学者となったのである．

なお，置換の記法 $\begin{pmatrix} 1 & 2 & \cdots & n \\ i_1 & i_2 & \cdots & i_n \end{pmatrix}$ は1815年のコーシーの論文で導入された．コーシーはまた置換の積も考えている．

先生との対話

かず子さんが

「代数方程式を解くときに現われてくるベキ根は，必ず解の有理関数として表わされるものであるということはとてもむずかしそうですが，ルフィニのようにこのことは認めることにしてしまえば，私たちにもルフィニやアーベルの不可能性の証明は理解できるものなのでしょうか．」

と聞いた．先生は窓外の緑の方に眼をやり，その証明を思い出しておられるようであったが，やがて皆の方を向いて

「そうですね．すぐわかるかどうかは別として，証明の筋道は明快ですからお話しできると思います．途中でわからないことがあったら質問して下さい．それではこれからルフィニが仮定したこと——添加すべきベキ根はすべて解の有理関数として表わされているものをとることができる——はそのまま使うことにして，アーベルによる5次方程式の代数的解法の不可能性の証明をします．」

といわれた．最後の方は改まった言い方だったので，皆は少し緊張した．

「いま n 次 $(n \geqq 2)$ の一般方程式

$$x^n + a_1 x^{n-1} + a_2 x^{n-2} + \cdots + a_{n-1} x + a_n = 0 \qquad (14)$$

を考えることにします．$a_1, a_2, \cdots, a_n$ は文字です．基礎体 $\mathbf{K}$ の中には1のベキ根を含めておくことが必要ですから

$$\mathbf{K} = \mathbf{C}(a_1, a_2, \cdots, a_n)$$

にとります．ですから $\mathbf{K}$ は複素数体 $\mathbf{C}$ 上の $a_1, a_2, \cdots, a_n$ についての有理関数のつくる体です．そこでこの方程式の解を求めるため，ベキ根 $\sqrt[p]{r}$ を $\mathbf{K}$ に添加して，体 $\mathbf{K}(\sqrt[p]{r})$ を考えることにします．ここでは p は素数です(88頁参照)．」

山田君が

「何も添加しなくて，$\mathbf{K}$ の中で解けるということはないのですか．」

と質問した．

「もしそうだとすると解 x_1 は $a_1, a_2, \cdots, a_n$ の有理式として表わされることになります．もともと x と $a_1, a_2, \cdots, a_n$ の関係は，文字式として恒等的に成り立つ関係式(14)で与えられており，$n \geqq 2$ としていますから，そんなことは起きないのです．

そこで私たちが仮定していたことによると，この $\sqrt[p]{r}$ は

$$\sqrt[p]{r} = \varphi(x_1, x_2, \cdots, x_n)$$

と，解 $x_1, x_2, \cdots, x_n$ に関する有理式として表わされます．φ は $\mathbf{K}$ に属していませんから対称式ではなくて，したがって，ある互換，たとえば(1 2)で変数を置きかえると，φ は必ず違った有理関数 φ' へと移ります．」

誰かが

「$x_1, x_2, \cdots, x_n$ のどんな互換でも φ が変わらなければ，結局 φ はすべての置換で変わらなくなって，対称式となってしまうわけか．だから φ はある互換で必ず動き出す．」

とつぶやく声が聞えた．先生は話を続けた．

「ですから

$$\varphi'(x_1, x_2, \cdots, x_n) = \varphi(x_2, x_1, \cdots, x_n)$$

とすると $\varphi \neq \varphi'$ です．ところが $\varphi^p = r \in \mathbf{K}$ ですから，φ^p は対称式です．したがって

$$\varphi^p = \varphi'^p$$

となります．すなわち

$$\varphi = \varepsilon \varphi' \qquad (15)$$

となります．ここで ε は 1 の p 乗根ですが，$\varepsilon \neq 1$ です．しかしこれは恒等式ですから
$$\varphi' = \varepsilon \varphi \tag{16}$$
も成り立ちます．」

明子さんが

「どういうことかしら．えーと，たとえば x_1, x_2 の恒等式というと
$$x_1^2 - x_2^2 = (x_1 - x_2)(x_1 + x_2)$$
がありますが，この式で x_1 と x_2 をとりかえて
$$x_2^2 - x_1^2 = (x_2 - x_1)(x_2 + x_1)$$
としても，もちろん成り立ちます．これと同じことだと考えてよいのですね．」

と問いただした．

「そうです．しかし(15)と(16)からすでに大切な結論が導かれます．(15)と(16)を参照すると
$$\varphi = \varepsilon^2 \varphi$$
という関係が成り立つことがわかり，これから $\varepsilon^2 = 1, \varepsilon \neq 1$ でしたから $\varepsilon = -1$ です．ε は 1 の p 乗根で p は素数でしたから，これから $p = 2$ がわかります．」

小林君が

「そうすると φ は交代式となるのですね．」

と聞いた．

「そうですね．φ は互換 (1 2) で符号を変えますから $x_1 - x_2$ で割りきれ，したがって $(x_1 - x_2)$ という因数をもちます．一方，φ^2 は対称式ですから $(x_1 - x_2)^2$ の因数と同様なタイプの因数 $(x_i - x_j)^2$ $(i \neq j)$ がすべて出てこなくてはなりません．このことから φ が交代式であることがわかります．このとき実は $\mathbf{K}(\sqrt{r}) = \mathbf{K}(\varphi)$ は $\mathbf{K}(\sqrt{\Delta})$ と一致します．なぜなら，$\dfrac{\varphi}{\sqrt{\Delta}}$ も $\dfrac{\sqrt{\Delta}}{\varphi}$ もどちらも対称な有理式となって，φ も $\sqrt{\Delta}$ も互いに $\mathbf{K}$ の元をかけると移り合えるからです．」

先生はそこでちょっと休まれて，また話をはじめられた．

「いまわかったことは，**方程式を解くために最初につけ加えるベキ根は $\sqrt{\Delta}$ である**ということです．体 **K** は，対称な有理関数——S_n で不変な有理関数——をすべて含んでいますが，$\sqrt{\Delta}$ を添加して拡大した体

$$\mathbf{K}_1 = \mathbf{K}(\sqrt{\Delta})$$

にはこんどは交代群 A_n で不変な有理関数がすべて含まれています．

さて次のステップへ移りましょう．また q を素数として $\mathbf{K}_1$ に $\sqrt[q]{r_1}$ を添加して，$\mathbf{K}_1$ を

$$\mathbf{K}_2 = \mathbf{K}_1(\sqrt[q]{r_1})$$

まで拡大したとします．仮定によって $\sqrt[q]{r_1}$ は，$x_1, x_2, \cdots, x_n$ の有理関数 $\varphi(x_1, x_2, \cdots, x_n)$ となっています．

$$\sqrt[q]{r_1} = \varphi(x_1, x_2, \cdots, x_n)$$

そうすると $\varphi^q \in \mathbf{K}_1$ ですから，φ^q は A_n で不変，すなわち偶置換では不変な有理関数となっています．」

そこまでいって先生は黒板に向かって次のような置換の式を書かれた．

$$(i\ j) = (1\ i)(1\ j)(1\ i)$$
$$(1\ i)(1\ j) = (1\ j\ i)$$

「少なくとも3つの文字を含む置換に対してこの式が成り立ちます．皆さん確かめてみて下さい．

この最初の式は，どんな互換も，1との互換を3回繰り返せば得られることを示しています．したがって，どんな偶置換も $(1\ i)$ のような形の互換を偶数回かけて得られるわけです．その上で次の式を見てみると，結局偶置換は必ず3個の文字の巡回置換の積として表わせることがわかります．

さて $\varphi \notin \mathbf{K}_1$ なのですから，ある偶置換では別の関数へと移ります．それはいまわかったことから，ある3文字の巡回置換で変わるといってもよいのです．その3文字の巡回置換を $(1\ 2\ 3)$ として

$$(1\ 2\ 3)\varphi = \varphi'$$

とします．$\varphi \neq \varphi'$ です．$(1\ 2\ 3)$ は偶置換ですから，$\varphi^q\ (\in \mathbf{K}_1)$ を不変にし，したがって

$$\phi^q = \phi'^q$$

となります．

このことは ω ($\neq 1$) を 1 の q 乗根とすると

$$\phi' = \omega\phi$$

という関係が成り立つことを示しています．すなわち

$$\phi(x_2, x_3, x_1, x_4, \cdots, x_n) = \omega\phi(x_1, x_2, x_3, x_4, \cdots, x_n)$$

が成り立ちます．」

そこまでノートをとりながら，注意深く聞いていたかず子さんが，びっくりしたように顔を上げて

「ああ，それで $\omega^3=1$ となって，$q=3$ が出てしまうんだわ．」

といった．「どうして」という声があちこちから上がったので，かず子さんは答えた．

「だって（1 2 3）を3回繰り返すともとへもどるでしょう．だから，この両式の両辺に（1 2 3）をもう2回適用してみたの．そうすると

$$\phi(x_3, x_1, x_2, \cdots) = \omega\phi(x_2, x_3, x_1, \cdots)$$
$$\phi(x_1, x_2, x_3, \cdots) = \omega\phi(x_3, x_1, x_2, \cdots)$$

となって，予想通りもとへもどったけれど，この3つの式から

$$\phi = \omega^3\phi$$

が出るでしょう．だから $\omega^3=1$ で，q は素数だから $q=3$ となると考えたの．」

先生はうなずかれた．

「その通りです．**2度目に添加するベキ根は $\sqrt[3]{}$ の形のもの**なのです．しかし，このことから劇的な結論，5次以上の方程式は代数的に解けないということが出るのです．」

教室の中はしんと静まり返った．先生は黒板にもう一度置換の式を書かれた．

少なくとも5つの文字を含む場合：

（1 2 3 4 5）＝（1 5）（1 4）（1 3）（1 2）　　偶置換

（4 3 2 1 5）（1 3 2 4 5）＝（1 2 3）

「さて $n \geqq 5$ とします．このとき n 次方程式が代数的に解けないということは，上の置換の式からの結論になってくるのです．この置換の式から，代数的に解くために，"もし $\mathbf{K}_1$ に添加する必要があるならば" $\mathbf{K}_1$ に $\sqrt[3]{r_1}=\phi(x_1, x_2, \cdots, x_n)$ を添加しなくてはならない，といういまわかった事実に矛盾した結果が出てくるのです．

（1 2 3 4 5）は上の置換の式から偶置換ですから，$\phi^3 \in \mathbf{K}_1$ に適用しても，ϕ^3 は変わりません：

$$(1\ 2\ 3\ 4\ 5)\phi^3 = \phi^3$$

この式から立方根をとると

$$(1\ 2\ 3\ 4\ 5)\phi = \eta\phi, \quad \text{ここで } \eta \text{ は } 1 \text{ か，} \omega \text{ か，} \omega^2$$

となることがわかります．しかし巡回置換（1 2 3 4 5）は5回繰り返して適用するともとへもどります．このことからさっきかず子さんが話したことと同じような考えで

$$\eta^5 = 1$$

が得られます．したがって $\eta=1$ でなくてはなりません．（たとえばもし η が ω に等しければ，$\eta^5=\omega^5=\omega^2 \neq 1$ となって矛盾してしまう！）

このことから ϕ は5つの文字の巡回置換では不変であることがわかりましたが，上の置換の公式を見るとその結果

$$(1\ 2\ 3)\phi = \phi$$

が導かれてしまいます．これは $(1\ 2\ 3)\phi=\phi'$ は ϕ に等しくなかったことに反します．

これで $n \geqq 5$ のとき n 次方程式を解くために $\sqrt[3]{r_1}=\phi_1$ を $\mathbf{K}_1$ に添加することが不可能であることがわかりました．したがって5次以上の方程式が解けるとすると，すでに $\mathbf{K}_1$ の中で解けていなくてはなりません．$\mathbf{K}_1 = \mathbf{K}(\sqrt{\Delta})$ でしたからこのとき解 x は

$$x = \lambda(a_1, a_2, \cdots, a_n) + \tilde{\lambda}(a_1, a_2, \cdots, a_n)\sqrt{\Delta}$$

の形に表わされます．したがって $(x-\lambda)^2=\tilde{\lambda}^2\Delta$ です．この式は x が2次方程式をみたしていることを示していますが，x は $n \geqq 5$ の場合の，文字式(14)の関係をみたしているのですから，これは矛盾です．

これが，5次方程式の代数的解法の不可能性を示したアーベル（さかのぼってルフィニ）の考えでした.」

問　題

[1] $n\,(\geqq 2)$ 個の文字の置換を互換の積として表わすとき，そこに現われる互換の個数が偶数か，奇数かは一定していることを示しなさい．（ヒント：119 頁の議論を参照．）

[2] n 個の文字の置換の中で，偶置換と奇置換は同じ個数あることを示しなさい．

[3] 4次方程式 $x^4+ax^2+bx+c=0$ の解を x_1,x_2,x_3,x_4 とし
$$u_1=(x_1+x_2)(x_3+x_4),\ u_2=(x_1+x_3)(x_2+x_4),$$
$$u_3=(x_1+x_4)(x_2+x_3)$$
とおく．

(1) u_1,u_2,u_3 を不変とする S_4 の元は部分群
$$G=\{e,(1\ 2)(3\ 4),(1\ 3)(2\ 4),(1\ 4)(2\ 3)\}$$
をつくることを示しなさい

(2) $u_1+u_2+u_3,\ u_1u_2+u_1u_3+u_2u_3,\ u_1u_2u_3$ は S_4 の元で不変なことを示しなさい．

（実際は，u_1,u_2,u_3 は $u^3+2au^2+(a^2-4c)u-b^2=0$ をみたしている．これは4次方程式のオイラーの解法に現われた分解3次方程式である．）

お茶の時間

質問 アーベルの不可能性の証明にはびっくりしました．置換群の考えが，方程式論にとってこれほど強力なものとは予想もしませんでした．ところでアーベルの証明によると，代数的に解けるためには，まず $\sqrt{r}$ を添加し，次に立方根 $\sqrt[3]{r_1}$ を添加していくことが必要だということでしたが，3次方程式，4次方程式を解くとき，実際その手順で解を求めていたのでしょうか．

答 それは確かめておく必要のあることに思われる．3次方程式 $x^3+ax+b=0$ の場合をまず考えてみよう．カルダーノの解法で $x=u+v$ とおいて，u^3, v^3 に関する2次方程式をつくった．この2次方程式の形は

$$t^2+bt-\left(\frac{a}{3}\right)^3 = 0 \tag{17}$$

であった(28頁参照)．この2次方程式の判別式は

$$D = b^2+4\frac{a^3}{27} = \frac{1}{27}(4a^3+27b^2)$$

である．もともとの3次方程式の判別式は

$$\Delta = -(4a^3+27b^2)$$

だったから(31頁参照)，D と Δ は定数倍しか違わないことに注意しておこう．基礎体 $\mathbf{K}$ の中には，必要な1のベキ根はすべて入れておくことにして

$$\mathbf{K}_1 = \mathbf{K}(\sqrt{D})$$

とおくと，$\mathbf{K}_1$ の中で(17)は解けて，u^3, v^3 が求められる．そこで次に

$$\mathbf{K}_2 = \mathbf{K}_1(\sqrt[3]{u^3})$$

とおくと

$$uv = -\frac{a}{3}$$

という関係から，$v \in \mathbf{K}_2$ となっている．したがって $\mathbf{K}_2$ の中では解 $x = u+v$ が求められるのである．このときの体の拡大のステップは，$\to \sqrt{} \to \sqrt[3]{}$ である．なおこのとき $\mathbf{K}_1$ に添加した $\sqrt[3]{u^3} = u$ は火曜日，問題[1]を見ると解(と ω)の有理式となっている．

4次方程式 $x^4+ax^2+bx+c=0$ のフェラリの解法のときには，分解方程式とよばれる3次方程式

$$y^3-ay^2-4cy+4ac-b^2 = 0$$

をつくった．なお，この分解3次方程式の判別式は，もとの4次方程式の判別式に等しいという注目すべき結果が成り立っていた．したがって上に述べたことから，この3次方程式を解くためには，$\to$

$\sqrt{} \to \sqrt[3]{}$ という 2 つのステップの体の拡大が必要になる．4 次方程式の解は，この分解 3 次方程式の解を用いて，もう一度 2 つの 2 次方程式を解くことにより得られる．ここに $\sqrt{}$ の添加を 2 度必要とする．したがってフェラリの解法に登場した体の拡大は，$\to \sqrt{} \to \sqrt[3]{} \to \sqrt{} \to \sqrt{}$ である．

　いずれにしても，アーベルの定理の証明が保証しているように，代数的解法で最初に添加するのは $\sqrt{}$ であり，次は $\sqrt[3]{}$ なのである．

土曜日

ガロア群

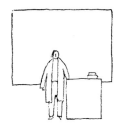

先生の話

　皆さんはいままで方程式の話を聞いてきて，方程式といっても1次方程式や2次方程式を学んだときとはだいぶ違った感じをもたれたでしょう．進めば進むほどそこには奥行きと広がりが見えてきて，何か新しい世界に接しているような新鮮な感触を感じとっているのではないかと思います．5次方程式の代数的解法という大きな壁を乗り越えようとする努力は，結局は実を結ばないということが判明しましたが，その過程で代数学がかかえていた最大の主題"方程式"が転調を奏で，"群と体"が代数学の中心に登場するようになりました．この劇的ともいえる転調は，天才児ガロアの脳裏にひらめいたところからはじまりました．

　ガロアは，アーベルが一般5次方程式の代数的解法の不可能性に成功したのに触発されて，どのような方程式に対してそれでは代数的解法があるかの研究に着手しましたが，それは現在ガロア理論とよばれる壮麗な理論を誕生させることになりました．

　といっても，私たちがいままでの話の中でガロア理論を学ぶための準備を全然してこなかったというわけではありません．5次方程式の代数的解法の不可能性の証明の中に，やはりいろいろ大切なアイディアはありました．木曜日にはクロネッカーによる不可能性の証明を述べました．ガロアは21歳になる前に，1832年5月30日の朝決闘で倒れ，翌日この世を去りました．ガロアが残した論文は時代をはるかに超えていたことと，表現の難解さのために，1864年にリューヴィユが判読して，その理論の内容を明らかにするまで，ほとんど放置されていました．したがって，クロネッカーはたぶんガロア理論の詳細をあまりまだ知らないときに，彼の不可能性の証明を発表したのでしょう．クロネッカーの証明には，置換群を表に出すことをむしろ嫌ったような面もみえますが，そのかわりに基礎体 $\mathbf{K}$ から $\mathbf{K}(\sqrt[p]{A})$ へと体が拡大されていくようすが，既約方程式 $x^p - A = 0$ の代数的性質によって，徹底的に究明されていました．

体の拡大のようすを調べることは，方程式の既約性のようすを調べることと深く結びついているのです．

一方，アーベルの不可能性の証明は，ラグランジュのように，方程式の解 $x_1, x_2, \cdots, x_n$ 全体をまず考えの中軸において，この中で置換に関しある対称性を示す有理関数を，添加すべきベキ根として選んでいくというプロセスを追うことで，体の拡大の状況を探ろうとするものでした．

ガロア理論の中に含まれている素材は，アーベルやクロネッカーの中に見出されるものや，さらにさかのぼってラグランジュの仕事の中に含まれているものも多いのですが，それでもなおガロアの導入した視点には驚くべき斬新さがありました．それは方程式の解の間の置換を，体の自己同型へと昇華させた点にあります．$\mathbf{K}$ 上の1つの方程式 $f(x)=0$ は，その解を $x_1, x_2, \cdots, x_n$ とすると，$\mathbf{K}$ から $\mathbf{K}(x_1, x_2, \cdots, x_n)$ への拡大を決めます．方程式 $f=0$ の演ずるドラマは，この $\mathbf{K}$ から $\mathbf{K}(x_1, x_2, \cdots, x_n)$ への拡大の過程ですべて演じられるに違いありません．しかし，1つの方程式を具体的にとったときには，解 $x_1, x_2, \cdots, x_n$ は単なる文字ではなく，一般には，それぞれの間に関係があって，$\mathbf{K}(x_1, x_2, \cdots, x_n)$ は n 個の"文字"を添加した体よりは実質的にはずっと小さくなってしまうこともあります．そうすると，方程式の解の置換をアーベルのように抽象的に取り出すことは適当でなくなって，個々の方程式がそれぞれ固有の体 $\mathbf{K}(x_1, x_2, \cdots, x_n)$ を規定し，同時に $\mathbf{K}$ から $\mathbf{K}(x_1, x_2, \cdots, x_n)$ への拡大の階段を決めているとみなくてはなりません．この $\mathbf{K}$ から $\mathbf{K}(x_1, x_2, \cdots, x_n)$ へと拡大するプロセスを $f(x)$ に含まれているどのような情報から読みとるのか，ガロアはその情報は，現在 $f(x)=0$ のガロア群とよばれているものの中に完全に記されているということを見出したのです．ガロア群は解の置換群の部分群として表わされますが，ガロア群は実は方程式よりむしろ体に密着している概念なのです．そのためガロア群を方程式から読みとるのはむずかしいという逆説的な状況が生じてきました．これがガロア理論の本質を見えにくくしている一因です．それにもかかわらずガロアの創

造した新しい世界は，代数学を算術と方程式から解き放ち，代数学の方向を群と体という2つの構造が相関し働き合う果てしない場へと向けることになりました．

　今日はこのガロア理論とよばれるものがどのようなものかについて，ごく基本的なことだけお話ししましょう．時とともにますます謎めいてみえてくるのは，ガロアがどのようにしてこのような不思議な理論に思い至ったかということです．

最小分解体

　私たちは，体 $\mathbf{K}$ 上で定義された n 次方程式
$$f(x) = x^n + a_1 x^{n-1} + a_2 x^{n-2} + \cdots + a_{n-1} x + a_n = 0$$
を考える．$f(x)=0$ の解を $x_1, x_2, \cdots, x_n$ とすると，$f(x)$ は
$$f(x) = (x-x_1)(x-x_2)\cdots(x-x_n)$$
と因数分解される．$\mathbf{K}(x_1, x_2, \cdots, x_n)$ を $\mathbf{K}$ 上の f の**最小分解体**という．これから $\mathbf{K}$ から $\mathbf{K}(x_1, x_2, \cdots, x_n)$ への体の拡大の道を追っていこうというのである．しかしこの道のりは長い．一歩，一歩進んでいくことにしよう．

　まず 63 頁で与えた定義をもう一度思い出しておこう．

　数 α が $\mathbf{K}$ 上のある方程式の解となっているとき，α を $\mathbf{K}$ 上の**代数的数**という．

　α を $\mathbf{K}$ 上の代数的数とすると，α はある方程式 $\varphi(x)=0$ をみたしているが，はじめから φ の既約成分を取り出しておけば，φ は既約な方程式としておいてよい．水曜日に用いた言葉づかいでは，φ はこのとき α の最小多項式となる．

　ここで少し唐突に見えるかもしれないが，第 4 週で述べたベクトル空間の次元の概念を適用してみよう．体 $\mathbf{K}$ は複素数体の一部だったから，もちろん体 $\mathbf{K}$ 上のベクトル空間——スカラーを $\mathbf{K}$ の中だけでとったベクトル空間——を考えることはできる．したがって $\mathbf{K}$ を含んでいる別の体 $\mathbf{F}$ をとると，$\mathbf{F}$ の中の加法と $\mathbf{K}$ の数をかけるという構造で，$\mathbf{F}$ は $\mathbf{K}$ 上のベクトル空間となっているとみ

ることができる．このとき $\mathbf{F}$ の $\mathbf{K}$ 上の次元 $\dim_{\mathbf{K}} \mathbf{F}$ が有限のときが，代数的なものと結びつく場合となっている．実際いま
$$\dim_{\mathbf{K}} \mathbf{F} = n$$
とすると，$\mathbf{F}$ から勝手に1つ元 x をとったとき，$n+1$ 個の元
$$x^n, x^{n-1}, x^{n-2}, \cdots, x, 1$$
は，$\mathbf{K}$ 上1次従属となり，したがって
$$a_0 x^n + a_1 x^{n-1} + a_2 x^{n-2} + \cdots + a_{n-1} x + a_n = 0$$
という関係が成り立つことになる．（このうちの少なくとも1つの a_i は0でない．）したがって x は $\mathbf{K}$ 上の代数的数となっている．

♣ $\mathbf{K} \subset \mathbf{F}$ であって，$\mathbf{F}$ の元がすべて $\mathbf{K}$ 上の代数的数のとき，$\mathbf{F}$ を $\mathbf{K}$ 上の**代数的拡大**という．いまわかったことは $\dim_{\mathbf{K}} \mathbf{F} < \infty$ ならば $\mathbf{F}$ は代数的拡大であるということである．そうでないときに $\mathbf{F}$ は $\mathbf{K}$ 上の**超越拡大**という．たとえば，実数体 $\mathbf{R}$ は有理数体 $\mathbf{Q}$ 上の超越拡大である．$\mathbf{R}$ の中には e や π などの $\mathbf{Q}$ 上代数的でない数がたくさん含まれている！

最小分解体の例を与えておこう．$\mathbf{Q}$ 上の方程式
$$x^4 + 4 = 0$$
の解は $x = 1 \pm i, -1 \pm i$ である．これらの解は $\mathbf{Q}(i)$ に含まれており，逆にこれらの解を含む体は $\frac{1}{2}\{(1+i)+(-1+i)\} = i$ を含むから，$\mathbf{Q}(i)$ を含んでいる．したがって $x^4 + 4 = 0$ の最小分解体は $\mathbf{Q}(i)$ である．

こんどは $\mathbf{Q}$ 上の方程式
$$x^4 - 4 = 0$$
を考えてみよう．この方程式の解は $x = \pm\sqrt{2}, \pm\sqrt{2}i$ である．したがって最小分解体は $\mathbf{Q}(\sqrt{2}, i)$ である．このときは前の場合と違って，最小分解体は $\sqrt{2}$ と i という2つの数から組み立てられているが，それは実は見かけ上のことであって，このときも
$$\theta = \sqrt{2} + i$$
とおくと，最小分解体 $\mathbf{Q}(\sqrt{2}, i)$ は $\mathbf{Q}(\theta)$ として表わされている．それをみるには

$$\sqrt{2} = \frac{1}{2}\left(\theta + \frac{3}{\theta}\right), \quad i = \frac{1}{2}\left(\theta - \frac{3}{\theta}\right)$$

に注意するとよい．この場合最小分解体に属している数は θ の有理関数として表わされるのである．なおこの第1式を2乗すると，関係式 $2 = \frac{1}{4}\left(\theta + \frac{3}{\theta}\right)^2$ が得られる．これから θ は代数的数であって既約方程式 $x^4 - 2x^2 + 9 = 0$ をみたしていることがわかる．

原始要素

いまみたように，$\mathbf{K}(\sqrt{2}, i) = \mathbf{K}(\theta)$ と表わされたが，このことは実は一般的に成り立つことである．すなわち次の定理が成り立つ．

> **定理** α, β を $\mathbf{K}$ 上の代数的数とする．このとき θ を α, β の適当な有理関数にとると
> $$\mathbf{K}(\alpha, \beta) = \mathbf{K}(\theta)$$
> と表わされる．

[証明] α, β が解となっている $\mathbf{K}$ 上の既約方程式を
$$\varphi(x) = x^m + a_1 x^{m-1} + \cdots + a_m$$
$$\psi(x) = x^n + b_1 x^{n-1} + \cdots + b_n$$
とする．$\varphi(x) = 0$ の解をすべて取り出してそれを
$$\alpha_1 = \alpha, \ \alpha_2, \ \alpha_3, \ \cdots, \ \alpha_m$$
とする．同様に $\psi(x) = 0$ の解を
$$\beta_1 = \beta, \ \beta_2, \ \beta_3, \ \cdots, \ \beta_n$$
とする．このとき $\alpha_1, \alpha_2, \cdots, \alpha_m$ も $\beta_1, \beta_2, \cdots, \beta_n$ も互いに異なっている（水曜日，問題 [1]）．

まず $\mathbf{K}$ の数 c を適当に定めて，mn 個の数
$$\alpha_i + c\beta_j \quad (i = 1, 2, \cdots, m \ ; \ j = 1, 2, \cdots, n)$$
はすべて異なるようにすることができる．これは有限個の1次方程式
$$\alpha_i + x\beta_j = \alpha_{i'} + x\beta_{j'} \quad (j \neq j')$$
の解以外の値を c としてとっておくとよい．

このような c を1つとったとき

$$\theta = \alpha + c\beta\,(=\alpha_1+c\beta_1) \qquad (1)$$

とおくと，θ が求めるものとなっている．それは次のようにしてわかる．

$$\varphi(\theta-c\beta) = \varphi(\alpha) = 0$$

である．したがって $\mathbf{K}(\theta)$ 上の方程式と考えたとき，2つの方程式

$$\varphi(\theta-cx) = 0 \quad \text{と} \quad \psi(x) = 0 \qquad (2)$$

は共通な解 β をもつ．しかし共通な解は β だけであって，ほかにはない．なぜなら c の選び方と(1)から，$i=j=1$ 以外のときは $\theta \neq \alpha_i + c\beta_j$ であり，したがって $j \neq 1$ ならば $\theta - c\beta_j \neq \alpha_i$ $(i=1,2,\cdots,m)$ である．このことは(2)を成り立たせる x は $\beta=\beta_1$ 以外にはないことを示している．

したがって $\varphi(\theta-cx)$ と $\psi(x)$ の最大公約元は $x-\beta$ であって，$x-\beta$ は $\mathbf{K}(\theta)$ の中で $\varphi(\theta-cx)$ と $\psi(x)$ からユークリッドの互除法によって有理的に求められる．とくに $\beta \in \mathbf{K}(\theta)$ であり，したがってまた $\alpha = \theta - c\beta \in \mathbf{K}(\theta)$ となる．θ はもちろん $\mathbf{K}(\alpha,\beta)$ の元だったのだから，これから

$$\mathbf{K}(\alpha,\beta) = \mathbf{K}(\theta)$$

がいえた． （証明終り）

このことを繰り返して適用すると，次の定理が成り立つことがわかる．

> **定理** $\alpha_1,\alpha_2,\cdots,\alpha_n$ を $\mathbf{K}$ 上の代数的な数とする．このとき，適当な $\theta \in \mathbf{K}(\alpha_1,\alpha_2,\cdots,\alpha_n)$ をとると
> $$\mathbf{K}(\alpha_1,\alpha_2,\cdots,\alpha_n) = \mathbf{K}(\theta)$$
> が成り立つ．

> **定義** θ を $\mathbf{K}(\alpha_1,\alpha_2,\cdots,\alpha_n)$ の原始要素という．

原始要素 θ のみたす既約方程式の次数を k とすると，$\mathbf{K}(\theta)$ の元

は，すべて $a_0\theta^{k-1}+a_1\theta^{k-2}+\cdots+a_{k-1}$ の形にただ1通りに表わすことができる（水曜日 65 頁）．したがって $\dim_{\mathbf{K}} \mathbf{K}(\theta)=k$ であり，したがってまた

$$\dim_{\mathbf{K}} \mathbf{K}(\alpha_1,\alpha_2,\cdots,\alpha_n) = k$$

となる．

　もし，$\alpha_1,\alpha_2,\cdots,\alpha_n$ の間に代数的な関係がないならば，相対的に k は大きな値をとるだろう．そうでなくて，たとえば $\alpha_2,\alpha_3,\cdots,\alpha_n$ がすでに $\mathbf{K}(\alpha_1)$ の中に見出せるような場合ならば，$\mathbf{K}(\alpha_1,\alpha_2,\cdots,\alpha_n)=\mathbf{K}(\alpha_1)$ となってしまって，k は小さな値となる．たとえば $x^4+4=0$ のときは，原始要素は i で，i の最小多項式は x^2+1，したがってこのときは $k=2$ である．一方 $x^4-4=0$ のときは原始要素 $\sqrt{2}+i$ の最小多項式は x^4-2x^2+9 で，したがって $k=4$ となっている．このように体 $\mathbf{K}(\alpha_1,\alpha_2,\cdots,\alpha_n)$ がもつ性質は，θ に反映してくるが，ガロア理論はさらに一層深い性質を θ に反映させることに成功したのである．

ラグランジュ‐ガロアの構成法

　上の証明を見ると，$\mathbf{K}(\alpha_1,\alpha_2,\cdots,\alpha_n)$ の原始要素 θ は，$\alpha_1,\alpha_2,\cdots,\alpha_n$ の1次結合として表わされていることがわかる．しかしこの構成法は段階的に行なわれた．原始要素の存在は重要である．そのためこの原始要素の構成を，とくに $\alpha_1,\alpha_2,\cdots,\alpha_n$ が方程式の解として与えられているとき，ラグランジュの創意によって誕生し，ガロアによって彼の理論の中に積極的に取り入れられた方法でもう一度述べてみよう．

　なお，これからは方程式 $f(x)=0$ というときには，$f(x)=0$ の解はすべて"単根"，すなわち重複解をもたない場合だけを考えることにする．（$f(x)$ を既約としておけば，もちろんその条件はみたされている．）

　そこで改めて次のような問題設定をしよう．

> (♯) $\mathbf{K}$ 上の方程式 $f(x)=0$ の解を $x_1, x_2, \cdots, x_n$ とする．そのとき
> $$\mathbf{K}(x_1, x_2, \cdots, x_n) = \mathbf{K}(\theta)$$
> をみたす θ ——原始要素——を，$x_1, x_2, \cdots, x_n$ の1次式として求めよ．

そのため適当な整数 $m_1, m_2, \cdots, m_n$ を選んで
$$\theta = m_1 x_1 + m_2 x_2 + \cdots + m_n x_n \tag{3}$$
が次の性質をもつようにする．

> (*) $x_1, x_2, \cdots, x_n$ の $n!$ 個の置換によって，θ から $n!$ 個の異なる1次式
> $$\theta = \tilde{\theta}_1, \tilde{\theta}_2, \tilde{\theta}_3, \cdots, \tilde{\theta}_\nu \quad (\nu = n!) \tag{4}$$
> が得られるが，これらはすべて異なる1次式となる．

♣ このような $m_1, m_2, \cdots$ が求められることは次のようにしてわかる．要するに関係式
$$m_1(x_a - x_{a'}) + m_2(x_b - x_{b'}) + m_3(x_c - x_{c'}) + \cdots = 0$$
が決して成り立たないような $m_1, m_2, m_3, \cdots$ を求めるとよい．m_1 と m_2 だけがでるのは
$$m_1(x_a - x_{a'}) + m_2(x_b - x_{b'}) = 0$$
の形であり，このとき $m_1=0, m_2=1$ とおくとこの式は成り立たない．そこで $m_1=0, m_2=1$ とおいて次に m_3 まででる式を考えると
$$0 \cdot (x_a - x_{a'}) + 1 \cdot (x_b - x_{b'}) + m_3(x_c - x_{c'}) = 0$$
である．したがって m_3 として $-\dfrac{x_b - x_{b'}}{x_c - x_{c'}}$ のどれとも一致しない整数をとると，この関係式は成り立たなくなる．このようにして順次 $m_1, m_2, m_3, \cdots$ を決めていくとよい．

このように (*) が成り立つように整数 $m_1, m_2, \cdots, m_n$ を選ぶと，(3) の θ は $\mathbf{K}(x_1, x_2, \cdots, x_n)$ の原始要素となる．以下その証明を与えよう．

$\mathbf{K}(x_1, x_2, \cdots, x_n)$ の任意の元は，$x_1, x_2, \cdots, x_n$ の有理式として，$\phi(x_1, x_2, \cdots, x_n)$ と表わされる．このとき $x_1, x_2, \cdots, x_n$ に置換を行な

って得られる ν 個 ($\nu = n!$) の有理式を(4)に対応して
$$\phi = \phi_1, \phi_2, \phi_3, \cdots, \phi_\nu$$
とおく．そこで x の整式 $P(x)$ と，x の有理式 $Q(x)$ を
$$P(x) = (x-\tilde{\theta}_1)(x-\tilde{\theta}_2)\cdots(x-\tilde{\theta}_\nu) \quad (\nu \text{次の整式})$$
$$Q(x) = P(x)\left\{\frac{\phi_1}{x-\tilde{\theta}_1} + \frac{\phi_2}{x-\tilde{\theta}_2} + \cdots + \frac{\phi_\nu}{x-\tilde{\theta}_\nu}\right\} \quad (5)$$
とおく．$P(x)$ と $Q(x)$ の係数は，$x_1, x_2, \cdots, x_n$ の式とみるとすべての置換で不変であり，したがって対称式である．したがって $f(x)$ の係数の有理式として，これらすべて **K** に属している．すなわち，$P(x)$ は **K** 上の整式，$Q(x)$ は **K** 上の有理式である．

(5)に $x = \tilde{\theta}_1$ を代入すると右辺は $P'(\tilde{\theta}_1)\phi_1$ に等しい（$P'(\tilde{\theta}_1)$ は極限をとっていると考えるより，代数的立場に立って整式 $P(x)$ を形式的に微分して得られた整式 $P'(x)$ に $\tilde{\theta}_1$ を代入したものと考えておこう）．したがって
$$Q(\tilde{\theta}_1) = P'(\tilde{\theta}_1)\phi_1$$
$P'(\tilde{\theta}_1) \neq 0$ だから
$$\phi_1 = \frac{Q(\tilde{\theta}_1)}{P'(\tilde{\theta}_1)}$$
すなわち，**K**$(x_1, x_2, \cdots, x_n)$ の任意の元 $\phi = \phi_1$ は $\theta = \tilde{\theta}_1$ の有理式として表わされた．このことは(#)が成り立つことを示している．この θ を**ガロアのリゾルベント**（分解式）という． （証明終り）

ガロア群

さて，上の証明に現われた $P(x)$ は，**K** 上の整式である．$P(x)$ を **K** 上で既約分解して $P(x) = P_1(x)P_2(x)\cdots P_s(x)$ とする．このときガロアのリゾルベント θ は $P_1(x) = 0$ の解の中に含まれているとする：$P_1(\theta) = 0$．

そこで
$$F(x) = P_1(x) \quad (6)$$
とおく．$F(x)$ は，θ を $F(x) = 0$ の解とする **K** 上の既約な整式で

あって，したがって定数倍を除いて θ の最小多項式である．したがって $F(x)$ の次数 l は，$\dim_{\mathbf{K}} \mathbf{K}(x_1, x_2, \cdots, x_n)$ に等しい（水曜日，65頁参照）．$F(x)=0$ の解を改めて

$$\theta = \theta_1, \ \theta_2, \ \theta_3, \ \cdots, \ \theta_l \tag{7}$$

とおく．上の証明で，$P(x), Q(x)$ の中で $\theta=\theta_1$ が特別扱いされているわけではなかったので，$\theta_2, \theta_3, \cdots, \theta_l$ もまた $\mathbf{K}(x_1, x_2, \cdots, x_n)$ の原始要素となっていることがわかる．これらを θ に**共役な原始要素**という．

$\mathbf{K}(x_1, x_2, \cdots, x_n)$ の元 α を

$$\alpha = c_0 + c_1\theta + c_2\theta^2 + \cdots + c_{l-1}\theta^{l-1} \tag{8}$$

と表わしておく．ここで θ を (7) の1つ，たとえば θ_i におき直してみると

$$\alpha' = c_0 + c_1\theta_i + c_2\theta_i^2 + \cdots + c_{l-1}\theta_i^{l-1} \tag{9}$$

になる．$\mathbf{K}(x_1, x_2, \cdots, x_n)$ の元を θ または θ_i によってこのように表わす表わし方は一意的だから，$\alpha \to \alpha'$ は，$\mathbf{K}(x_1, x_2, \cdots, x_n)$ から自分自身の上への1対1対応となっていることがわかる．また，$\alpha + \beta$ や $\alpha\beta$ の演算は，係数 $c_0, c_1, \cdots, c_{l-1}$ の間の関係として表わされるから，それはそのまま，この対応で移されている：

$$\alpha + \beta \longrightarrow \alpha' + \beta', \quad \alpha\beta \longrightarrow \alpha'\beta'$$

したがって次の定理が得られる．

> **定理** $\theta \to \theta_i \ (i=1, 2, \cdots, l)$ により誘導される $\mathbf{K}(x_1, x_2, \cdots, x_n)$ の自身の上への写像 g_i は，体としての自己同型写像を与えている．

ここで**体としての自己同型写像**とは，g_i は $\mathbf{K}(x_1, x_2, \cdots, x_n)$ から自身の上への1対1写像であって

$$g_i(\alpha + \beta) = g_i(\alpha) + g_i(\beta), \quad g_i(\alpha\beta) = g_i(\alpha)g_i(\beta)$$

が成り立つことである．$g_i(\theta) = \theta_i$ であるが，$\theta_1, \theta_2, \cdots, \theta_l$ はすべて異なっているから，$g_1, g_2, \cdots, g_l$ もすべて異なった写像となっている．さらにこの l 個の自己同型写像は次の特徴的な性質をもっている：

$$\alpha \in \mathbf{K} \quad \text{ならば} \quad g_i(\alpha) = \alpha \quad (i=1,2,\cdots,l)$$

このことは(8)で，$\alpha \in \mathbf{K} \iff \alpha = c_0$ から明らかだろう．

ところが逆に，体 $\mathbf{K}(x_1, x_2, \cdots, x_n)$ の自己同型写像で $\mathbf{K}$ の元をとめるものは，この $g_1, g_2, \cdots, g_l$ しかないのである．すなわち次の定理が成り立つ．

> **定理** 体 $\mathbf{K}(x_1, x_2, \cdots, x_n)$ の自己同型写像で，体 $\mathbf{K}$ の元をとめるものは $g_1, g_2, \cdots, g_l$ の l 個だけである．ここで g_1 は恒等写像である．

[証明] 体 $\mathbf{K}(x_1, x_2, \cdots, x_n)$ の自己同型写像で，体 $\mathbf{K}$ の元をとめるものを $\lambda(x)$ とする．

$F(x)$ は(6)でとったように，$F(\theta) = 0$ をみたす既約な整式とする．

$$F(x) = A_0 x^l + A_1 x^{l-1} + \cdots + A_{l-1} x + A_l \quad (A_i \in \mathbf{K})$$

と表わすと，λ が $\mathbf{K}$ の元を，したがって $A_0, A_1, \cdots, A_l$ をとめる自己同型写像であることに注意して，

$$\begin{aligned} F(\lambda(x)) &= A_0 (\lambda(x))^l + A_1 (\lambda(x))^{l-1} + \cdots + A_{l-1}(\lambda(x)) + A_l \\ &= \lambda(A_0 x^l + A_1 x^{l-1} + \cdots + A_{l-1} x + A_l) \\ &= \lambda(F(x)) \quad (x \in \mathbf{K}(x_1, x_2, \cdots, x_n)) \end{aligned}$$

となる．したがって $F(\lambda(\theta)) = \lambda(F(\theta)) = \lambda(0) = 0$ となり，$\lambda(\theta)$ は，$\theta_1, \theta_2, \cdots, \theta_l$ の1つとなる．それを θ_i とすると $\lambda(\theta) = \theta_i$ であり，$\mathbf{K}(x_1, x_2, \cdots, x_n)$ の元 α を(8)のように表わし，この α に対して λ を適用してみると，$\lambda(\alpha) = \alpha'$ という対応は，ちょうど(8)を(9)へ対応させる対応となっている．すなわち $\lambda = g_i$ であることが証明された．　　　　　　　　　　　　　　　　　　　　　　　　　　（証明終り）

一般に，λ と κ が体 $\mathbf{K}(x_1, x_2, \cdots, x_n)$ の自己同型写像で $\mathbf{K}$ の元はとめるものとすると，合成写像 $\lambda \circ \kappa$ も，逆写像 λ^{-1} もまた同じ性質をもつ．すなわちこの性質をもつ写像の全体は，写像の合成を積として採用することにより群をつくっている．そこで $x_1, x_2, \cdots, x_n$ は $f(x) = 0$ の解であったことを思い出して次の定義をおく．

> **定義** この群を，体 $\mathbf{K}$ 上の整式 $f(x)$，または体 $\mathbf{K}$ 上の方程式 $f(x)=0$ の**ガロア群**という．また体の方に注目して，$\mathbf{K}(x_1, x_2, \cdots, x_n)$ の $\mathbf{K}$ 上のガロア群ともいう．

いまわかったことは，ガロア群は元の個数が $l = \dim_{\mathbf{K}} \mathbf{K}(x_1, x_2, \cdots, x_n)$ の群であって，それは $g_1, g_2, \cdots, g_l$ からなっているということである．

♣ グランドフロア，体 $\mathbf{K}$ の上に，いろいろな素材 $x_1, x_2, \cdots, x_n$ を使って建物 $\mathbf{K}(x_1, x_2, \cdots, x_n)$ をつくった．これらの素材は方程式 $f(x)=0$ から供給されてきたが，そのそれぞれは性質も違い，またそれらが複雑に組み合わさって建物をつくり上げているので，出来上がった建物の全容を外から見るだけでは，内部の構造を察知することはできない．しかしこの建物の全体を貫通する 1 つの階段，θ-階段は存在する．この θ-階段に立って見ると建物の内部は一望のうちに見ることができて，建物の中の場所は

$$c_0 + c_1\theta + c_2\theta^2 + \cdots + c_{l-1}\theta^{l-1}$$

とただ 1 通りに表わされる．ところが同じような階段は全部で l 個ある．同じ場所でも，その中の 1 つ θ_i-階段から見るのと，θ-階段から見るのとでは違った景観を呈している．この景観の違いを見方を変える 1 つの働き g_i とすると，$g_1, g_2, \cdots, g_l$ の相互の働きは，$\mathbf{K}(x_1, x_2, \cdots, x_n)$ という建物全体の構造を明らかにしていくに違いない．

ガロア群と原始要素

定理を見ると，ガロア群は $\mathbf{K}$ の元をとめる $\mathbf{K}(x_1, x_2, \cdots, x_n)$ の自己同型群として特性づけられている．したがってガロア群は $\mathbf{K}(x_1, x_2, \cdots, x_n)$ の中に深く内在している群である．この群を発掘したのがガロアであったということになる．

したがってガロア群を，ガロアのリゾルベントを用いて導入したことは，少し特殊すぎたかもしれない．実はガロア群は，$\mathbf{K}(x_1, x_2, \cdots, x_n)$ の勝手な原始要素を用いても同様に定義することができる．それを示すために，すぐあとで用いる必要もあるので，まず次の命題を証明しておこう．

> $\beta \in \mathbf{K}(x_1, x_2, \cdots, x_n)$ に対して次のことが成り立つ.
> (ⅰ) $\mathbf{K}$ 上の既約な整式 φ で, $\varphi(\beta)=0$ をみたすものが存在する. このような φ は, 定数倍を除いて一意的に決まる.
> (ⅱ) $\varphi(x)=0$ の解 $\beta, \beta', \beta'', \cdots$ はすべて $\mathbf{K}(x_1, x_2, \cdots, x_n)$ に属している.

[証明] (ⅰ)と(ⅱ)を同時に証明する. $\mathbf{K}(x_1, x_2, \cdots, x_n)$ のガロアのリゾルベントを θ とすると

$$\beta = b_0 + b_1\theta + b_2\theta^2 + \cdots + b_{l-1}\theta^{l-1} \tag{10}$$

と表わされる. θ のみたす $\mathbf{K}$ 上の既約方程式を $F(x)=0$ とし, 前のようにこの解を

$$\theta = \theta_1, \theta_2, \theta_3, \cdots, \theta_l$$

とする. $\theta_i \in \mathbf{K}(x_1, x_2, \cdots, x_n)$ である. (10)の式の θ に, $\theta_1, \theta_2, \cdots, \theta_l$ を代入すると l 個の $\mathbf{K}(x_1, x_2, \cdots, x_n)$ の元

$$\beta_i = b_0 + b_1\theta_i + b_2\theta_i^2 + \cdots + b_{l-1}\theta_i^{l-1} \quad (i=1, 2, \cdots, l)$$

が得られるから, これを用いて

$$\tilde{\varphi}(x) = (x-\beta_1)(x-\beta_2)\cdots(x-\beta_l)$$

とおくと, この係数は $\theta_1, \theta_2, \cdots, \theta_l$ に関して対称で, したがって $F(x)$ の係数の整式として表わされる. このことから, $\tilde{\varphi}(x)$ は $\mathbf{K}$ 上の整式であることがかわる. $\tilde{\varphi}(x)$ の既約成分のうち, β を解にもつものを $\varphi(x)$ とすると, $\varphi(x)=0$ は β を解とする $\mathbf{K}$ 上の既約方程式であって, その解はすべて $\mathbf{K}(x_1, x_2, \cdots, x_n)$ に属している.

なお, このような $\varphi(x)$ が定数倍を除いて一意的に決まることは, 木曜日のアーベルの既約定理からの結論となっている. (証明終り)

さて, $\hat{\theta}$ を $\mathbf{K}(x_1, x_2, \cdots, x_n)$ の勝手な原始要素とする. $\hat{\theta}$ のみたす $\mathbf{K}$ 上の既約方程式を $\hat{F}(x)=0$ とすると, $\hat{F}(x)$ の次数は $l=\dim_{\mathbf{K}} \mathbf{K}(x_1, x_2, \cdots, x_l)$ である. このことは, 次元は基底のとり方によらないから, 任意の元 $\alpha \in \mathbf{K}(x_1, x_2, \cdots, x_l)$ は $\alpha = \sum_{i=0}^{l-1} a_i \hat{\theta}^i$ と表わされることからの結論となる.

$\hat{F}(x)=0$ の解を $\hat{\theta}=\hat{\theta}_1, \hat{\theta}_2, \cdots, \hat{\theta}_l$ とすると, 上の命題から, これら

はすべて $\mathbf{K}(x_1, x_2, \cdots, x_n)$ の元で，$\hat{F}(x)$ の既約性からこれらはすべて異なっている．したがって(8)から(9)への対応で，θ, θ_i の代りに $\hat{\theta}, \hat{\theta}_i$ をとると，同様に $\mathbf{K}(x_1, x_2, \cdots, x_n)$ の l 個の自己同相写像が得られる．これらは $\mathbf{K}$ の元をとめているから，ガロア群の元となっている．

このようにして，$\mathbf{K}(x_1, x_2, \cdots, x_n)$ のガロア群を定義するには，勝手にとった原始要素を用いてもよいことがわかった．この事実を用いて，ガロア群のもっとも簡単な例を1つ挙げておくことにしよう．

前に示した例であるが，$\mathbf{Q}$ 上の方程式
$$x^4 - 4 = 0$$
の最小分解体は $\mathbf{Q}(\sqrt{2}, i)$ であり，この体の原始要素は
$$\theta = \sqrt{2} + i$$
で与えられている．θ のみたす既約方程式は
$$x^4 - 2x^2 + 9 = 0$$
であって，この解は
$$\theta_1 = \sqrt{2} + i, \quad \theta_2 = -\sqrt{2} + i, \quad \theta_3 = \sqrt{2} - i, \quad \theta_4 = -\sqrt{2} - i$$
である．したがってガロア群は
$$g_1: \theta_1 \to \theta_1, \quad g_2: \theta_1 \to \theta_2, \quad g_3: \theta_1 \to \theta_3, \quad g_4: \theta_1 \to \theta_4 \quad (11)$$
により誘導される．

誘導されるといっても，まだこれでは群らしくないだろう．
$$\sqrt{2} = \frac{1}{2}\left(\theta_1 + \frac{3}{\theta_1}\right), \quad i = \frac{1}{2}\left(\theta_1 - \frac{3}{\theta_1}\right)$$
を使って(11)にしたがって計算すると，$\sqrt{2}$ と i はそれぞれ

$$\sqrt{2} \xrightarrow{g_1} \sqrt{2}, \quad \sqrt{2} \xrightarrow{g_2} -\sqrt{2}, \quad \sqrt{2} \xrightarrow{g_3} \sqrt{2}, \quad \sqrt{2} \xrightarrow{g_4} -\sqrt{2}$$
$$i \xrightarrow{g_1} i, \quad i \xrightarrow{g_2} i, \quad i \xrightarrow{g_3} -i, \quad i \xrightarrow{g_4} -i$$

となる．あるいは，$\theta_1, \theta_2, \theta_3, \theta_4$ の相互の移り合うようすは次のようになっていることがわかる．
$$g_2: \theta_1 \to \theta_2, \quad \theta_2 \to \theta_1, \quad \theta_3 \to \theta_4, \quad \theta_4 \to \theta_3$$
$$g_3: \theta_1 \to \theta_3, \quad \theta_2 \to \theta_4, \quad \theta_3 \to \theta_1, \quad \theta_4 \to \theta_2$$

$$g_4: \theta_1 \to \theta_4, \ \theta_2 \to \theta_3, \ \theta_3 \to \theta_2, \ \theta_4 \to \theta_1$$

このようなことから $g_1 = e$（単位元）とおくと，$g_2^2 = g_3^2 = g_4^2 = e$，$g_2 g_3 = g_4$ のような関係があることがわかる．

共役な元

$\mathbf{K}(x_1, x_2, \cdots, x_n)$ の中から勝手に元 β をとると，上に示した命題から，β は $\mathbf{K}$ 上の既約方程式 $\varphi(x) = 0$ をみたし，さらに $\varphi(x) = 0$ の解 $\beta, \beta', \beta'', \cdots$ はすべて $\mathbf{K}(x_1, x_2, \cdots, x_n)$ に含まれている．$\beta, \beta', \beta'', \cdots$ を β に**共役な元**という．

$\mathbf{K}(x_1, x_2, \cdots, x_n)$ の $\mathbf{K}$ 上のガロア群を G とする．$g \in G$ とすると，$x \in \mathbf{K}(x_1, x_2, \cdots, x_n)$ に対して

$$\varphi(g(x)) = g(\varphi(x))$$

となる（148頁，定理の証明参照）．したがって

$$\varphi(g(\beta)) = g(\varphi(\beta)) = g(0) = 0$$

となり，$g(\beta)$ は φ の共役元の1つとなっていることがわかる．すなわち

> ガロア群 G の元は，共役元の間の置換をひき起こしている．

この結果によると，ガロア群の働きというのは基礎にとった体 $\mathbf{K}$ の元はとめるが，$\mathbf{K}(x_1, x_2, \cdots, x_n)$ の中では，各元の共役な元の間に置換をひき起こすような，複雑で活発な働きをしていることがわかる．もっともこのような活発な働きをしているという確認は，実は次の定理がいえてからのことである．

> **定理** $\beta \notin \mathbf{K}$ とする．β の共役な元 β' を勝手にとると β を β' に移すガロア群の元 g が存在する．

［証明の大筋］ $\mathbf{K}$ に β と β' をそれぞれ添加した体を $\mathbf{K}(\beta)$，$\mathbf{K}(\beta')$ とする．β と β' は $\mathbf{K}(x_1, x_2, \cdots, x_n)$ の元だから，もちろん

$$\mathbf{K}(\beta), \mathbf{K}(\beta') \subset \mathbf{K}(x_1, x_2, \cdots, x_n)$$

となるが，$\mathbf{K}(\beta)$ と $\mathbf{K}(\beta')$ は一致しているとは限らない．しかし，

β と β' は同じ既約方程式 $\varphi(x)=0$ の解だから，$\varphi(\beta)$ の次数を k とすると，$\mathbf{K}(\beta)$ の元 γ と $\mathbf{K}(\beta')$ の元 δ は，それぞれただ1通りに

$$\gamma = c_0 + c_1\beta + c_2\beta^2 + \cdots + c_{k-1}\beta^{k-1}$$
$$\delta = d_0 + d_1\beta' + d_2\beta'^2 + \cdots + d_{k-1}\beta'^{k-1}$$

と表わされる．そこで上の γ に対し

$$h(\gamma) = c_0 + c_1\beta' + c_2\beta'^2 + \cdots + c_{k-1}\beta'^{k-1}$$

とおくと，$\mathbf{K}(\beta)$ から $\mathbf{K}(\beta')$ への同型対応 h が得られて

$$h(\beta) = \beta' \tag{12}$$

となる．

次に $\mathbf{K}(x_1, x_2, \cdots, x_n)$ を $\mathbf{K}(\beta)$ 上の体とみて，この原始要素を $\dot{\theta}$ とする（このような原始要素の存在に対しては，142頁の定理の証明が適用される）．また同様に $\mathbf{K}(x_1, x_2, \cdots, x_n)$ を $\mathbf{K}(\beta')$ 上の体とみて，この原始要素を $\dot{\theta}'$ とする．このとき $\mathbf{K}(x_1, x_2, \cdots, x_n)$ の元 μ は，ただ1通りに

$$\mu = f_0 + f_1\dot{\theta} + \cdots + f_{s-1}\dot{\theta}^{s-1} \qquad (f_i \in \mathbf{K}(\beta)) \tag{13}$$

と表わされる．ここで $s = \dim_{\mathbf{K}(\beta)} \mathbf{K}(x_1, x_2, \cdots, x_n)$．ところが $\dim_{\mathbf{K}} \mathbf{K}(\beta) = \dim_{\mathbf{K}} \mathbf{K}(\beta')$ により

$$\dim_{\mathbf{K}(\beta)} \mathbf{K}(x_1, x_2, \cdots, x_n) = \dim_{\mathbf{K}(\beta')} \mathbf{K}(x_1, x_2, \cdots, x_n)$$

が成り立つのである．したがって $\mathbf{K}(x_1, x_2, \cdots, x_n)$ の元 μ はまた1通りに

$$\mu = f_0' + f_1'\dot{\theta}' + \cdots + f_{s-1}'\dot{\theta}'^{s-1} \qquad (f_i' \in \mathbf{K}(\beta'))$$

とも表わされる．

そこで一般に(13)に対し，(12)を用いて

$$g(\mu) = h(f_0) + h(f_1)\dot{\theta}' + \cdots + h(f_{s-1})\dot{\theta}'^{s-1}$$

とおくと，g は $\mathbf{K}$ の元をとめる $\mathbf{K}(x_1, x_2, \cdots, x_n)$ 上の自己同型写像となっている．したがって g はガロア群の元である．このとき $g(\beta) = h(\beta) = \beta'$ となっている． （証明終り）

とくにこのことから，ガロア群のもつもっとも基本的な次の性質が導かれる．

> **定理** $\mathbf{K}(x_1, x_2, \cdots, x_n)$ の元 α で，ガロア群 G のすべての元 g で $g(\alpha)=\alpha$ をみたしているようなものは $\mathbf{K}$ の元に限る．

なぜなら，$\alpha \notin \mathbf{K}$ ならば α をみたす既約方程式の次数 n は，$n \geqq 2$ となり，したがって α は少なくとも 1 つの共役元 α' をもち，$g(\alpha) = \alpha'$ となる $g \in G$ が存在するからである．

ガロア群と置換群

体 $\mathbf{K}(x_1, x_2, \cdots, x_n)$ に向けていた視線を方程式 $f(x)=0$ の方へもどしてみることにしよう．そうすると上の定理によってガロア群 G の各元は，$f(x)=0$ の解 $x_1, x_2, \cdots, x_n$ の間の置換をひき起こしている．

したがってガロア群 G の元 g に対して，解の間の置換

$$\begin{pmatrix} x_1 & x_2 & \cdots & x_n \\ x_{i_1} & x_{i_2} & \cdots & x_{i_n} \end{pmatrix}$$

が対応している．あるいは解の番号だけに注目して，この対応を

$$g \longrightarrow \begin{pmatrix} 1 & 2 & \cdots & n \\ i_1 & i_2 & \cdots & i_n \end{pmatrix}$$

と書いてもよいかもしれない．しかし，実際はこの右辺の置換によって，g は完全に決まっている．なぜなら $\mathbf{K}(x_1, x_2, \cdots, x_n)$ の任意の元は $x_1, x_2, \cdots, x_n$ に関する有理式 $\phi(x_1, x_2, \cdots, x_n)$ として表わされているから，右辺の情報から

$$g\phi(x_1, x_2, \cdots, x_n) = \phi(x_{i_1}, x_{i_2}, \cdots, x_{i_n})$$

として，対応 $g \to g\phi$ が完全に決まるからである．

すなわち，ガロア群は解のつくる置換群として表わされているのである．ガロア群を置換群として表示して理論を進めることは，ある場合には状況を明らかにしてよいのだが，理論全体の枠組みが捉えにくくなってしまうということもあるようである．たとえば $x^4 - 4 = 0$ の解は $\sqrt{2}, -\sqrt{2}, \sqrt{2}i, -\sqrt{2}i$ であり，これに 1, 2, 3, 4 と番号をつけると，(11) で示してあるガロア群 $\theta_1 \to \theta_1, \theta_1 \to \theta_2, \theta_1 \to \theta_3,$

$\theta_1 \to \theta_4$ はそれぞれ

$$\begin{pmatrix} 1 & 2 & 3 & 4 \\ 1 & 2 & 3 & 4 \end{pmatrix}, \begin{pmatrix} 1 & 2 & 3 & 4 \\ 2 & 1 & 4 & 3 \end{pmatrix}, \begin{pmatrix} 1 & 2 & 3 & 4 \\ 1 & 2 & 4 & 3 \end{pmatrix}, \begin{pmatrix} 1 & 2 & 3 & 4 \\ 2 & 1 & 3 & 4 \end{pmatrix}$$

と表わされる．これをじっと見て，ここからガロア群の意味するものを読みとることは至難なことだろう．ガロア自身は群をすべて置換群として表わしていたから，彼の理論のもたらした謎は深かったのである．

ガロア理論の基本的な考え

　ガロア理論そのものにこれ以上立ち入って述べていくことは本書の枠を越えてしまうようである．まだいろいろな概念や定理が必要となり，それら全体が織りなすようにしてこの理論体系をつくっていく．その結果として方程式の代数的可解性の条件が論ぜられる．それを見通しよく述べるには抽象代数学の視点が必要になり，それは数学の専門書に託さざるをえないようである．

　ここではガロア理論の中で，どのような考えが基本的なものになっているかについてだけ，簡単に話しておくことにしよう．

　昨日の話のように，$x_1, x_2, \cdots, x_n$ を，一般 n 次方程式の解として"文字"と考えると，$x_1, x_2, \cdots, x_n$ の任意の置換

$$\begin{pmatrix} x_1 & x_2 & \cdots & x_n \\ x_{i_1} & x_{i_2} & \cdots & x_{i_n} \end{pmatrix}$$

に対して，有理式 $\phi(x_1, x_2, \cdots, x_n)$ はこの文字の置換で，一般には異なる有理式 $\phi(x_{i_1}, x_{i_2}, \cdots, x_{i_n})$ へと移される．もちろん置換に対応する有理式のこの変換は，$\mathbf{K}(x_1, x_2, \cdots, x_n)$ の自己同型写像（$\mathbf{K}$ の元はとめる）を与えている．したがって $x_1, x_2, \cdots, x_n$ が文字のときには，ガロア群は $x_1, x_2, \cdots, x_n$ のすべての置換からなる群，すなわち対称群 S_n となる．S_n のすべての変換で不変なものは対称式となり，したがって $\mathbf{K}$ 上の有理式となるという結果は，実は前々節の定理"$\mathbf{K}(x_1, x_2, \cdots, x_n)$ の元でガロア群 G で不変となる元は $\mathbf{K}$ の元に限る"の原型であったと考えることもできる．

文字式の場合には私たちはさらに交代群 A_n で不変となるものも考察した．それは2つの文字のとりかえを2度繰り返して行なうときにはもとにもどるという性質をもつ有理式からなり，その全体は，体 $\mathbf{K}(\varDelta)$ をつくっていた．$\varDelta$ は判別式である．すなわちここでは群の包含関係

$$\{e\} \subset A_n \subset S_n \quad (e\text{ は単位元})$$

と，これらで不変なものからなる $\mathbf{K}(x_1, x_2, \cdots, x_n)$ の元のつくる包含関係

$$\mathbf{K}(x_1, x_2, \cdots, x_n) \supset \mathbf{K}(\varDelta) \supset \mathbf{K}$$

が対応していた．

　ガロア理論はこれを原型として基本定理の骨組みをつくる．そのためには，群の方の"部分群"の概念に対応して，体の方にも"部分体"という概念を導入しておく必要がある：$\mathbf{K}(x_1, x_2, \cdots, x_n)$ の**部分体 $\varLambda$** とは，$\varLambda$ は $\mathbf{K}(x_1, x_2, \cdots, x_n)$ の部分集合で，$\varLambda$ の中では四則演算が自由にできるものである．そのとき，次の定理はガロア理論の基本定理とよばれている．

> **定理**　（ⅰ）ガロア群 G の部分群 H に対し，H の働きで不変となるような $\mathbf{K}(x_1, x_2, \cdots, x_n)$ の元全体は，$\mathbf{K}(x_1, x_2, \cdots, x_n)$ と $\mathbf{K}$ との中間にある部分体 $\varLambda$ をつくる．$\varLambda \supset \mathbf{K}$ である．
>
> 　（ⅱ）$\mathbf{K}(x_1, x_2, \cdots, x_n)$ と $\mathbf{K}$ の中間にある部分体 $\varLambda$ に対し，$\varLambda$ の各元を不変とするようなガロア群 G の元全体は，G の部分群 H をつくる．
>
> 　（ⅲ）（ⅰ）と（ⅱ）の対応 $H \longleftrightarrow \varLambda$ は1対1であって，集合の包含関係として
>
> $$\begin{array}{ccc} \{e\} & \longleftrightarrow & \mathbf{K}(x_1, x_2, \cdots, x_n) \\ \cap & & \cup \\ H & \longleftrightarrow & \varLambda \\ \cap & & \cup \\ G & \longleftrightarrow & \mathbf{K} \end{array}$$
>
> が成り立つ．

　実際は方程式論では，逐次ベキ根を添加して体を拡大していくこ

とにより，$\mathbf{K}(x_1, x_2, \cdots, x_n)$ にたどりつく道があるか，またそのような道はどのような性質をもつかを調べることに中心課題がある．これに対してガロア理論を適用し，この問題の本質をガロア群の性質として完全に把握するためには，途中で現われる部分体 $\varLambda$ のガロア理論と，$\varLambda$ から $\mathbf{K}(x_1, x_2, \cdots, x_n)$ を見上げたときのガロア理論の整合性が成り立っていなくてはならない．この整合性が成り立って，さらにこの階段を1段，1段とベキ根を添加して上っていけることが，方程式が代数的に解けることの解明につながってくる．このため，新たに用意すべき概念として，群の方では"正規部分群"，体の方では"ガロア拡大体"が登場してくることになる．これについては"先生との対話"の中でもう少し触れることにしよう．

歴史の潮騒

木曜日にはアーベルのことを述べたので，今日はガロアについてその生涯を簡単に話してみることにしよう．

ガロアは1811年10月25日，パリ郊外のブール・ラ・レーヌという小さな町の教養ある裕福な家の長男として生まれた．父親は王政に反対する自由主義者で，ナポレオンの百日天下の間に町長となったが，王政復古のあともこの地位にあった．母親は法律家の家柄の出であった．若いガロアは両親から専制に対する強い憎しみの感

じを受けついだ．ガロアは12歳のとき，はじめて学校に入学した．学校はパリのルイ・ル・グラン高等中学校で，ガロアは寄舎生となった．この学校の生徒たちは反抗的な気分にあふれていた．ガロアは最初の2年間は割合まじめな生徒として過したが，やがてしだいに学校の厳しい規律に反抗するようになってきた．ガロアはこの頃までは数学にそれほど興味を示したわけではなかったが，講義にあきたりずやがてルジャンドルの『幾何学』を自分で勉強するようになってから，数学にしだいに惹かれていった．ガロアの数学に対する才能をはじめてよく理解したのは，1828年に数学の講義を受けもったリシャールであり，ガロアはこの頃，ルジャンドルやラグラ

ンジュの著作を通しながら，方程式論，数論，楕円関数などの研究に没頭するようになっていた．ガロアも，アーベルと同じように一度は5次方程式の代数的解法を発見したと思ったが，その間違いに気づき，新たに代数的可解性の条件を求める研究の方向へと進み，17歳のときすでにその結論に達してしまった．天才児ガロアは恐るべき少年であった！　この年，ガロアはエコール・ポリテクニクへの入学に希望を託したが，準備不足のため入学試験に失敗した．また方程式論に関する基本的な結果を記した最初の論文をフランス科学アカデミーに提出するようコーシーに預けたが，コーシーはそれを紛失してしまった．

　ガロアの運命の星はこの頃からかげりはじめ，翌1829年には予想もしなかった大きな不幸が彼を襲ってきた．それは，父親が牧師の不当な政治的策略にかかって信用を傷つけられ，7月に自殺してしまったことである．この1ヵ月後にエコール・ポリテクニクに再度受験したが，試験官の態度に我慢できないということもあってこのときも失敗した．ガロアの挫折感は深まるばかりであった．結局彼は同じ年の秋に教員養成のための学校であるエコール・ノルマルに入学した．

　1830年にフランス科学アカデミーのグランプリに応募するための論文を提出したが，この論文は審査のためフーリエが家に持ち帰っているうちにフーリエが5月に死亡し，消失してしまった．7月革命が起き，ブルボン王朝が倒されたが，それにかわったのは，蜂起した民衆が望んでいた共和国ではなく，ルイ・フィリップを擁したブルジョアの台頭であった．そのためフランス社会は混乱に陥った．ガロアは喜んで革命に参加し，共和主義者の集りに身を投ずるようになった．エコール・ノルマルからは放校された．原因は校長の政治的優柔さを投書で痛烈に批判したためであった．革命的思想に支えられた熱烈な政治運動のため，1831年には2度投獄された．1回目の事件は5月に起きた．ガロアは共和主義者の宴会で，短剣をかざして新たに王座についたルイ・フィリップに乾盃したため，大逆罪で告発されたのである．そのときはいったん釈放されたが，

2度目は7月に共和主義者のデモに参加したかどで,逮捕され9ヵ月間投獄された.彼はここで数学の研究を行なっていた.1832年に,コレラにかかったため,病院へ移されそこで釈放されたが,もはやガロアにとってこの世に残された日はわずかだったのである.

以前,フーリエの手許で紛失した論文を書き直し,フランス科学アカデミーに3度目の論文を送った.タイトルは『Mémoire sur les conditions de résolubilité des équations par radicaux』(ベキ根により方程式が解かれるための条件について)であって,28頁の大論文であった.校閲者となったポアッソンは丁寧に読んだが,結論は理解できないということで,受理不能であった.ポアッソンの校閲結果の報告の最後の部分を訳出しておこう.これを読むと,歴史の流れに静かにおさまることを頑なに拒否するガロアという異様な天才が,大きな岩に向かって謎めいた字を彫り刻むような姿と,それに対して正直に困惑しているポアッソンの数学者としての態度がよく浮かび上がってくる.

「私たちはガロアの証明を理解するようできるだけの努力はしてきた.彼の推論は十分明らかなものとはいえないし,いままでのところ私たちがその正確さを正しく判断できるようにも書かれていない.実際のところ,私たちはこの論文の中から彼の証明のアイディアさえも読みとることはできないのである.著者は,この論文が目指している命題は,多くの応用を可能とする一般理論の一部にすぎないといっている.理論のいくつかの部分は,互いに他との関連を明らかにしていることによって,個々のものよりは全体としての方がむしろ把握しやすくなっている.したがって正しい意見を述べることができるためには,著者が彼の理論の全容を発表するまで待った方がよいかもしれない.しかし,いずれにせよアカデミーに提出されたこれだけのものからは,私たちはこれをアカデミーとして認めるようにと提案することはできないのである.」

♣これについて高木貞治『近世数学史談』の一節を原文のまま引用しておこう.

「コノヨウナ歴史ハ容易ニ繰返サレマイカラ論外トシテモ宜イガ,ポア

ッソンニ抑ヘラレタガロアノ方程式論又危クコーシーノ紙屑籠ニ入リソコ
ネタアーベルノ巴里論文ノ運命ハ奇妙トイフモノデアラウ．アーベルモガ
ロアモ学士院ノ尻ノ重サノ下ニ苦悶シタ．内気ナアーベルハ隠忍シタガ，
高慢ナガロアハ咆哮シタ．ソコデ近世数学史上ノ「ローマンス」ガ生ジタ．
アーベルモガロアモ処世ニ失敗シタノデアル．時代ヲ超越スルニモ程合ヒ
ガアッテ二十年三十年ノ超越ハ危険デアル．」

　ガロアは，1832年5月29日，決闘におもむく前夜に死を予期し
て遺書を書き記した．そこに彼が得た数学の主要な結果の概要と，
"ガロアの夢"を残したのである．決闘は翌30日の朝行なわれたが，
ガロアは腹部を撃ち抜かれて倒れ，その場におき去りにされた．通
りがかった農夫が見つけ病院へ運んだが，翌日腹膜炎を起こし，こ
の世を去った．20歳と7ヵ月の短い生涯であった．ガロアの葬儀
には数千人の共和主義者たちが参列したという．

先生との対話

　ガロアの考えたガロア群のことなどを少し学んだあとだったので，
ガロアの生涯についての話は，教室の皆にことさらに強い感銘を与
えたようだった．1つの時代の数学は天才によって創られる，とい
うような感想が教室を横切っていった．先生がひとり言のように
　「20歳の若者の葬式に数千人の参列者があったということは前代
未聞のことで，参列した人たちには，大輪の花が虚しく蕾のまま散
るような眺めを見るようなものだったかもしれません．しかしガロ
アの本当の花は，短い遺書の中にあったのですね．ガロア理論の中
には，いまもガロアの生命の影が横切っていて，それがたくさんの
人たちにガロアへの追悼の情を起こさせているのでしょう．」
といわれた．
　短い沈黙のあとで山田君がノートを見返して質問した．
　「ガロアがフランス科学アカデミーに提出した論文の中で，方程
式が代数的に解けるための条件を明らかにしたそうですが——それ

はガロア群の言葉で述べられるものと思いますが——どんな条件なのかお話ししていただけませんか.」

「そうですね. それをお話ししないと, 今週の方程式の話全体の結末がつかないかもしれませんね. しかしまだいろいろ準備がいります. まず, すぐ前にガロア理論の基本定理として述べたように, $\mathbf{K}$ と $\mathbf{K}(x_1, x_2, \cdots, x_n)$ の中間にある部分体 $\varLambda$ と, G の部分群 H が 1 対 1 に対応していることを思い出しておきましょう. H は $\varLambda$ のすべての元をとめる G の元からなっていました. 実際は H は, 原始要素を用いて次のように表わされます. θ を $\mathbf{K}$ 上の $\mathbf{K}(x_1, x_2, \cdots, x_n)$ の原始要素とし, (6)のように $F(x)$ を θ の最小多項式とします. $F(x)$ は $\mathbf{K}$ 上の整式としては既約ですが, $\varLambda$ まで体を拡大すると可約になってきます.」

小林君が

「それは $\mathbf{Q}$ 上では x^4+4x^2+9 は既約ですが, $\mathbf{Q}(\sqrt{2})$ まで体を拡大すると
$$x^4+4x^2+9 = (x^2-\sqrt{2}\,x+3)(x^2+\sqrt{2}\,x+3)$$
となって可約となるようなことですね.」
と念を押した. 先生はうなずいて話を進められた.

「そこで $\varLambda$ 上で $F(x)$ を
$$F(x) = F_1(x)F_2(x)\cdots F_s(x)$$
と既約成分に分解して, $F_1(\theta)=0$ とします. θ は $\varLambda$ 上の $\mathbf{K}(x_1, x_2, \cdots, x_n)$ の原始要素となっています. このとき
$$F_1(x) = (x-\theta_1)(x-\theta_2)\cdots(x-\theta_m) \qquad (\theta=\theta_1)$$
とおくと, H は
$$\theta_1 \to \theta_1,\ \theta_1 \to \theta_2,\ \cdots,\ \theta_1 \to \theta_m$$
で与えられる $\varLambda$ 上の $\mathbf{K}(x_1, x_2, \cdots, x_n)$ の自己同型群となっています.」

明子さんが

「ガロア群 G のときは, $F(x)=0$ の解 $\theta_1, \theta_2, \cdots, \theta_s$ をとって, $\theta_1 \to \theta_1, \theta_1 \to \theta_2, \cdots, \theta_1 \to \theta_s$ が誘導する自己同型群を考えていたのですが, こんどは, $F_1(x)=0$ の解だけとるのですね. だから H は G の部

分群となって……あぁきっと H は $\varLambda$ 上の $\mathbf{K}(x_1, x_2, \cdots, x_n)$ のガロア群となっているのですね．だって，$F_1(x) = 0$ は $\varLambda$ 上の既約方程式で，解 θ は $\mathbf{K}(x_1, x_2, \cdots, x_n)$ の $\varLambda$ 上の原始要素なのですから．」

「そうなのです．H は $\mathbf{K}$ から $\varLambda$ まで上ったところで，$\mathbf{K}(x_1, x_2, \cdots, x_n)$ を"見上げたときの"ガロア群なのです．」

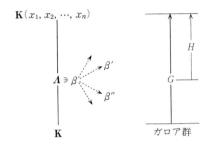

道子さんが質問した．

「それでは，$\mathbf{K}$ から $\varLambda$ を見上げたときはどうなっているのですか．」

「そう，それが問題なのです．$\varLambda$ の元 β を1つとってみましょう．β は $\mathbf{K}(x_1, x_2, \cdots, x_n)$ の元ですから，前に示したように(150頁)，β は $\mathbf{K}$ 上の既約方程式

$$\varphi(x) = 0$$

をみたしています．ところが $\varLambda$ に何の条件もおかなければ $\varphi(x) = 0$ の解 β は $\varLambda$ に属しているとしても，残りの $\varphi(x) = 0$ の解——β に共役な解——$\beta', \beta'', \cdots$ は必ずしも $\varLambda$ に属しているとは限りません．そうなると，$\mathbf{K}$ と $\varLambda$ の間に注目したときに，β を方程式 $\varphi(x) = 0$ を通して調べる道がなくなってしまいます．

そこで，部分体 $\varLambda$ は，$\beta \in \varLambda$ ならば，その共役元 $\beta', \beta'', \cdots$ もまた $\varLambda$ に属しているという条件をつけます．そしてこの条件をみたす $\mathbf{K}$ と $\mathbf{K}(x_1, x_2, \cdots, x_n)$ の中間体を**ガロア拡大体**というのです．そしてこのガロア拡大体という概念が $\mathbf{K}$ から $\mathbf{K}(x_1, x_2, \cdots, x_n)$ へと上っていく階段の役目をしているのです．

かず子さんが首をかしげながら質問した．

「ガロア拡大体というのは，捉えにくい概念のような気がします．

共役元がすべて含まれているということを要請することはわかりますが，そんな性質をもつ部分体があるのかどうかなど，どうやって見つけるのでしょう．一番上まで上って $\mathbf{K}(x_1, x_2, \cdots, x_n)$ まで達すれば，それは確かにガロア拡大体ですが（150頁），途中にもあるのですか．」

先生は大きくうなずいて

「実際，その点が問題なのです．」

といわれた．そしてそれから次のように話された．

「部分体 $\varLambda$ に対応するガロア群の部分群を H とします．このとき，$\varLambda$ がガロア拡大体となる条件が，H の方の性質として簡明に次のように表わされるのです．

> $\varLambda$ がガロア拡大体 $\iff$ $h \in H$, $g \in G$ を勝手にとったとき
> $$g^{-1}hg \in H$$

これは次のように証明されます．

$\Leftarrow$ の証明：いま右の方が成り立ったとしましょう．$\beta \in \varLambda$ とし，β' を β の1つの共役元とします．このとき前に示したように $g \in G$ で $g(\beta) = \beta'$ となるものがあります．このとき $\beta' \in \varLambda$ となる条件は，すべて $h \in H$ に対して $h\beta' = \beta'$ が成り立つことです．ここで $\beta' = g(\beta)$ を代入すると

$$hg(\beta) = g(\beta), \quad \text{すなわち} \quad g^{-1}hg(\beta) = \beta \quad (*)$$

が成り立つとよいのですが，これは仮定した $g^{-1}hg \in H$ から成り立ちます．

$\Rightarrow$ の証明：$\varLambda$ をガロア拡大体とします．$\beta \in \varLambda$ をとって，β の最小多項式を $\varphi(x)$ とすると，どんな $g \in G$ をとっても，$g\varphi(x) = \varphi(g(x))$ となりますから（g は φ の係数を変えない！）$\varphi(\beta) = 0$ から $\varphi(g(\beta)) = 0$．したがって $g(\beta)$ は β の共役となります．$g(\beta) \in \varLambda$ ですから，$(*)$ と同じで $g^{-1}hg(\beta) = \beta$ が成り立ちます．β は $\varLambda$ のどんな元でもよかったのですから，$g^{-1}hg \in H$ となります．」

かず子さんがまた質問した．

「以前，群論の本を少し勉強したことがあるので，思い出したの

ですが，この H に対する条件は

$$g^{-1}Hg = H \quad (すべての\ g \in G)$$

と書いてよくて，H は G の**正規部分群**とよばれるものですね．このとき商群 G/H が定義されますが，これがガロア拡大体 $\varLambda$ の $\mathbf{K}$ 上のガロア群となるのではないでしょうか．私がそう考えたのは，G/H とは H の働きを単位元の働きとみるように H を"つぶした"群ですから，このことは H が働く"$\varLambda$ より上の働き"を無視して G の働きをみることを意味していると思ったからです．そうすると結局 G/H は，"$\varLambda$ より下"の G の働き，すなわち $\varLambda$ の $\mathbf{K}$ 上のガロア群となるのではないでしょうか．」

先生は

「そうです．かず子さんのいったように，G/H は $\varLambda$ の $\mathbf{K}$ 上のガロア群となっています．」

といわれた．教室の中には，G/H の意味がよくわからなくて，先生の説明を待っている人が多かった．先生は時計を見ながら少し残念そうに

「かず子さんのいったことは，一般の群の立場で話した方がわかりやすいと思うので，明日，日曜日に気楽にお話しすることにしましょう．」

といわれた．そこで少し休まれて，いよいよ山田君の最初の質問に答えるように話を進められた．

「いずれにしても，$\mathbf{K}$ と $\mathbf{K}(x_1, x_2, \cdots, x_n)$ の中間にあるガロア拡大体を，$\mathbf{K}$ から $\mathbf{K}(x_1, x_2, \cdots, x_n)$ へと上っていくときの階段だと思うと，この階段は，ガロア群の方では

$$G/H, \quad H$$

という系列として記されているのです．

H の中に，正規部分群 L があると L は $\varLambda$ と $\mathbf{K}(x_1, x_2, \cdots, x_n)$ の間にある $\varLambda$ のガロア拡大体 $\tilde{\varLambda}$ に対応します．$\tilde{\varLambda}$ は，L の元で不変となるような元からなります．記号が多くてわかりにくくなったかもしれませんので，図を見てください．図を見ると，しだいに上っていく部分体の階段と，対応してガロア群の系列がどのようになって

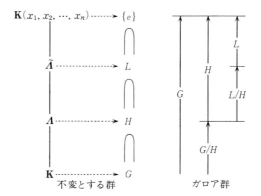

不変とする群　　ガロア群

いるかのようすがわかるでしょう．

　ガロアが見出した方程式が代数的に解けるための有名な条件は，この図でいうと，右側に示してあるガロア群によって表わされる階段が，十分簡単なものになっているという条件で表わされるのです．正確には次のようになります．

> **ガロアの定理**　K 上の既約な方程式 $f(x)=0$ が代数的に解けるための必要十分条件は，$f(x)$ のガロア群 G が次の性質をみたしていることである：
> 　G の中に部分群の系列
> $$G = H_1 \supset H_2 \supset \cdots \supset H_i \supset H_{i+1} \supset \cdots \supset H_t = \{e\}$$
> が存在して
> 　（ⅰ）H_{i+1} は H_i の正規部分群である（$i=1,2,\cdots,t-1$）
> 　（ⅱ）H_i/H_{i+1} は元の数が素数の巡回群である（$i=1,2,\cdots,t-1$）

　ここで巡回群とは，適当な群の元 g をとると，群が $\{e, g, g^2, \cdots, g^{s-1}\}$（$g^k g^l = g^{k+l}$, $g^s = e$）と表わされるようなものです．

　さて，月曜日から今日までの方程式に関する長いお話のゴールに，このガロアの定理が登場してきましたが，皆さんはこの定理のいっている条件の中から，方程式の影がすっかり消えてしまったことに驚かれるでしょう．ここで十分いいつくせなかったことを，さらに知りたい人は，ガロア理論を取り扱っている代数学の専門書を開い

て, もっと深く学んでみて下さい.」

問 題

[1] (1) 方程式 $f(x)=x^4-5x^2+6=0$ の $\mathbf{Q}$ 上の最小分解体は $\mathbf{Q}(\sqrt{2}, \sqrt{3})$ であることを示しなさい.

(2) $a=\sqrt{2}+\sqrt{3}$ とおくと
$$\sqrt{2}=\frac{a-a^{-1}}{2}, \quad \sqrt{3}=\frac{a+a^{-1}}{2}$$
であることを示しなさい.

(3) $\mathbf{Q}(\sqrt{2}, \sqrt{3})=\mathbf{Q}(\sqrt{2}+\sqrt{3})$ を示しなさい.

(4) $\sqrt{2}+\sqrt{3}$ の最小多項式は
$$x^4-10x^2+1$$
となることを示しなさい.

(5) ガロア群 G を求め, この群の単位元 e 以外の元 g は, $g^2=e$ をみたすことを示しなさい.

(6) $f(x)=x^4-5x^2+6=0$ の解を $x_1=\sqrt{2}, x_2=-\sqrt{2}, x_3=\sqrt{3}, x_4=-\sqrt{3}$ とすると, G は解の置換群として
$$\{1, (x_3\ x_4), (x_1\ x_2), (x_1\ x_2)(x_3\ x_4)\}$$
と表わされることを示しなさい.

[2] (1) $x^4+1=0$ の $\mathbf{Q}$ 上のガロア群 G は, $x^4+1=0$ の解を $x_1=\rho, x_2=\rho^3, x_3=\rho^5, x_4=\rho^7 \left(\rho=\frac{1}{\sqrt{2}}(1+i)\right)$ とおくと, 置換群 $G=\{1, (x_1\ x_2)(x_3\ x_4), (x_1\ x_3)(x_2\ x_4), (x_1\ x_4)(x_2\ x_3)\}$ として表わされることを示しなさい.

(2) 問題 [1] の方程式のガロア群と, このガロア群は, 群として同型であること——同じ構造をもつこと——を示しなさい.

[3] $x^4-1=0$ の解を $x_1=1, x_2=-1, x_3=i, x_4=-i$ と表わすと, この方程式の $\mathbf{Q}$ 上のガロア群 G は
$$G=\{1, (x_3\ x_4)\}$$
で与えられることを示しなさい.

(注: 問題 [1][2][3] は 4 次方程式で, ガロア群が簡単になるものを選んだのであって, むしろ例外的である. たとえば $x^4+2x^2+x+3=0$ の $\mathbf{Q}$

上のガロア群は対称群 S_4 となっている．)

お茶の時間

質問 係数を文字と考えた一般5次方程式が代数的に解けないということ，つまり5次方程式には解の公式はないということが，ガロアの定理からどのようにして導かれるのか教えていただけませんか．

答 まず5次の一般方程式
$$f(x) = x^5 + ax^4 + bx^3 + cx^2 + dx + e = 0$$
の場合，基礎体としては，複素数体 $\mathbf{C}$ に係数 a, b, c, d, e を添加した $\mathbf{K} = \mathbf{C}(a, b, c, d, e)$ をとる．この方程式の解 x_1, x_2, x_3, x_4, x_5 は
$$f(x) = (x - x_1)(x - x_2)(x - x_3)(x - x_4)(x - x_5)$$
をみたす文字であり，したがって $f(x) = 0$ の最小分解体は $\mathbf{K}(x_1, x_2, x_3, x_4, x_5)$ となる．$\mathbf{K}(x_1, x_2, x_3, x_4, x_5)$ の元は，有理式 $\varPhi(x_1, x_2, x_3, x_4, x_5)$ と表わされる．対称群 S_5 の元
$$\sigma = \begin{pmatrix} 1 & 2 & 3 & 4 & 5 \\ i_1 & i_2 & i_3 & i_4 & i_5 \end{pmatrix}$$
は，$\mathbf{K}(x_1, x_2, x_3, x_4, x_5)$ の同型対応
$$\sigma\phi : \phi(x_1, x_2, x_3, x_4, x_5) \longrightarrow \phi(x_{i_1}, x_{i_2}, x_{i_3}, x_{i_4}, x_{i_5})$$
を引き起こしているが，たとえば
$$\psi = x_1 + x_2^2 + x_3^3 + x_4^4 + x_5^5$$
を考えると，この元に対しては，すべての $\sigma \in S_5$ に対して，$\sigma \neq \tau$ ならば $\sigma\psi \neq \tau\psi$ となっている．このことから，$\mathbf{K}(x_1, x_2, x_3, x_4, x_5)$ のガロア群は，S_5 であることがわかる．

ところが，S_5 の正規部分群は A_5 と $\{e\}$ しかないことが知られており，したがって"階段"は
$$S_5 \supset A_5 \supset \{e\}$$
だけである．A_5 は可換群でないからガロアの定理の条件がみたされていない．したがって，5次方程式には解の公式がないのである．

ついでに，S_3 と S_4 に対して，ガロアの条件をみたす"階段"を1

つ書いておこう．

S_3 の場合：$S_3 \supset A_3 \supset \{e\}$　　　（S_3 のときはこれだけ）

S_4 の場合：$S_4 \supset A_4 \supset \{1,(1\ 2)(3\ 4),(1\ 3)(2\ 4),(1\ 4)(2\ 3)\} \supset$
$\{1,(1\ 2)(3\ 4)\} \supset \{e\}$

実際，3次方程式，4次方程式はこれらの"階段"を上って解かれているのである．

なお，これについてはもう少し抽象的な立場から，日曜日の最後にもう一度触れることにする．

日曜日

群というもの

置換群から抽象的な群へ

　ガロアは方程式論の中に，ラグランジュ，ルフィニ，コーシーなどによって育てられてきた置換群の概念を大胆に投入し，理論の根幹におくことによって，数学にまったく新しい世界を拓いた．難解なガロア理論の核心にあった置換群を大きく取り上げて数学のひのき舞台へと上げたのは，ジョルダンの667頁にも及ぶ歴史的な大著『置換の理論と代数方程式』であった．この著作は1870年に出版された．ここで群論が，独立した数学の研究対象としてスタートする第一歩がしるされたのである．

　1870年代に入ると，幾何学にも変換群の考えが適用されるようになり，1872年には有名なクラインのエルランゲン・プログラムが発表された．また1870年に，クロネッカーがまったく抽象的に可換群の定義を与えた．1854年と1878年のケーリーの先駆的な仕事を引き継ぐ形で，1882年になって抽象的な群の概念がはじめて明確に提示された．それはフォン・ディックと，それとは独立にウェーバーによってなされたのである．

　私たちはすでに第4週の線形性の議論の中で，抽象的なベクトル空間や線形作用素などの考えに，十分なれ親しんできた．だから，金曜日，111頁に与えた群の定義などもむしろ自然なものにみえて，特別な感じはなかったかもしれない．しかし量の概念が，抽象的な数の概念へと完全に切りかわったのは，たぶん複素数の概念が十分浸透した19世紀以降のことであることを考えてみると，演算の性質だけを取り出しただけの群のようなものが，果して数学の対象となりうるかということは決して明らかなことではなく，容易に受け入れられるようなものではなかったのである．実際，群の概念の中に，どれだけの具体的な対象が包括されるかは誰もわからないのである．数学的対象の存在より，数学的対象のもつ内在的性質の解明が先立つというような理論構成は，数学の達した新しい立脚点であった．このような立脚点が確立したのは，代数学が発展し，記号化

が促進され,演算そのものがすでに独立した研究対象となりうるという気運が醸成されてきたからである.それは大体,1880年頃からだったと考えてよいのだろう.

群とベクトル空間

　群とベクトル空間とは,もちろんまったく構造の違うものだけれど,抽象性という立場で見れば,ともに演算の機能性だけを取り出して抽象して得られた数学的対象だから,一脈つながるものはある.

　金曜日に与えた群の定義にしたがえば,群 G とは1つの演算規則 ab をもつもので,この演算については結合則 $a(bc)=(ab)c$ が成り立つ.また単位元 e と,各元 a が逆元 a^{-1} をもつようなものである.一方,ベクトル空間 V とは,加法 $a+b$ と,スカラー倍 αa ($\alpha\in\mathbf{R}$ または $\mathbf{C}$, $a\in V$) が定義されているようなものである.

　対比して書いてみると下のようになる.

	群 G	ベクトル空間 V
基本演算	ab	$a+b$
結合則	$a(bc)=(ab)c$	$a+(b+c)=(a+b)+c$
可換則	特に要求しない	$a+b=b+a$
単位元	e	0
逆元	a^{-1}	$-a$
スカラー倍	定義に加えない ——考えない——	αa ($\alpha\in\mathbf{R}$ または $\alpha\in\mathbf{C}$)

　これを見るとわかるように,ベクトル空間というのは可換群の構造に,スカラー倍を加えたものである.一般の場合,群では可換性 $ab=ba$ は成り立たない.実際,対称群 S_n ($n\geqq 3$) では可換性は成り立たなかった.(たとえば $(1\ 2)(1\ 3)\neq(1\ 3)(1\ 2)$).とくに可換性が成り立つ群では,群の演算を $a+b$ のように,加法の記号で表わすことが多い.そうすると対応して単位元 e は 0 と表わし ($a+0=a$), a の逆元は $-a$ で表わすことになる ($a+(-a)=a-a=0$).そういうことを知って上の表を見ると,群とベクトル空間の間にある親近性がわいてくるだろう.

♣　もちろん，ベクトル空間にあった元の間の基本的な性質，1 次独立性や 1 次従属性などは，スカラー倍を用いて定義される性質だから，群の方に対応する性質を求めるわけにはいかない．

しかし線形写像のような概念は，線形写像の定義 $\varphi(a+b)=\varphi(a)+\varphi(b)$, $\varphi(\alpha a)=\alpha\varphi(a)$ のうちの最初の方——群の演算に関係する方——だけに注目すれば，群の方にも持ちこむことができるだろう．それは次の定義になる．

> **定義**　2 つの群 G と G' の間に写像 $\varphi:G\to G'$ があって
> $$\varphi(ab)=\varphi(a)\varphi(b)$$
> をみたすとき，φ を G から G' への**準同型写像**という．

φ を準同型写像とする．G の単位元を e，G' の単位元を e' とする．このとき $\varphi(e^2)=\varphi(e)\varphi(e)$ から，$e^2=e$ に注意すると $\varphi(e)=\varphi(e)\varphi(e)$ となる．この両辺に左から $\varphi(e)$ の逆元 $\varphi(e)^{-1}$ をかけると $e'=\varphi(e)$ が得られる．すなわち，準同型写像は，単位元を単位元にうつす：$\varphi(e)=e'$．したがってまた $e'=\varphi(e)=\varphi(aa^{-1})=\varphi(a)\varphi(a^{-1})$ から，$\varphi(a^{-1})=\varphi(a)^{-1}$ のこともわかる．

準同型写像の核と像

ベクトル空間のときには，ベクトル空間 V から V' への線形写像 φ に対して

$$\operatorname{Ker}\varphi=\{x\mid\varphi(x)=0\},\quad \operatorname{Im}\varphi=\{y\mid \text{ある } x\in V \text{ で } y=\varphi(x)\}$$

とおくことにより，V の部分空間 $\operatorname{Ker}\varphi$——$\varphi$ の核——と，V' の部分空間 $\operatorname{Im}\varphi$——φ の像——が決まり，これが線形写像の理論では重要な役目をした．

同じように，群 G から G' への準同型写像 φ に対しても φ の**核** $\operatorname{Ker}\varphi$ と φ の**像** $\operatorname{Im}\varphi$ を定義することができる．すなわち

$$\operatorname{Ker}\varphi=\{g\mid\varphi(g)=e'\},\quad \operatorname{Im}\varphi=\{g'\mid \text{ある } g\in G \text{ で } g'=\varphi(g)\}$$

とおくのである．

$\text{Ker}\,\varphi, \text{Im}\,\varphi$ は，それぞれ群 G, G' の部分群となる．たとえば $\text{Ker}\,\varphi$ の方でいえば

$g, h \in \text{Ker}\,\varphi$ ならば $\varphi(gh) = \varphi(g)\varphi(h) = e'e' = e'$

したがって $gh \in \text{Ker}\,\varphi$

$g \in \text{Ker}\,\varphi$ ならば $\varphi(g^{-1}) = \varphi(g)^{-1} = e'^{-1} = e'$

したがって $g^{-1} \in \text{Ker}\,\varphi$

また $e \in \text{Ker}\,\varphi$ は明らかである．したがって $\text{Ker}\,\varphi$ は G の部分集合で，群の構造をもっている——$\text{Ker}\,\varphi$ は G の部分群なのである．

$\text{Ker}\,\varphi, \text{Im}\,\varphi$ の中で，とくに $\text{Ker}\,\varphi$ の方に1つの特徴的な性質が付与されてくる．すなわち次の命題が成り立つ．

> $H = \text{Ker}\,\varphi$ とおくと，部分群 H はすべての $g \in G$ に対し $g^{-1}Hg = H$ という性質をもつ．

このことは，$h \in H, g \in G$ に対して

$$\varphi(g^{-1}hg) = \varphi(g^{-1})\varphi(h)\varphi(g) = \varphi(g)^{-1}\varphi(h)\varphi(g)$$
$$= \varphi(g)^{-1}e'\varphi(g) = \varphi(g)^{-1}\varphi(g) = e'$$

となって $g^{-1}hg \in H$ となることからわかる（もっともいまいえたことは $g^{-1}Hg \subset H$ であるが，これから両辺に左から g，右から g^{-1} をかけて $H \subset gHg^{-1}$ がでる．g は任意だったから g の代りに g^{-1} をとると $H \subset g^{-1}Hg$ となって結局 $g^{-1}Hg = H$ となる）．

私たちはここで，土曜日 "先生との対話" の中で述べた定義をもう一度改めて書いておくことにしよう．

> **定義** 群 G の部分群 H が，すべての $g \in G$ に対して $g^{-1}Hg = H$ という性質をみたすとき，H を G の **正規部分群** という．

したがってこの定義を使うと，いまわかったことは簡単に

> 群 G から G' への準同型写像 φ の核は正規部分群である．

といい表わされる．

準同型定理

　2つの群 G と G' の間に，G から G' の上への1対1の準同型写像 φ があるときには，逆写像 φ^{-1} は G' から G への同じ性質をもつ写像となっている:

$$G \underset{\varphi^{-1}}{\overset{\varphi}{\rightleftarrows}} G'$$

このとき，G と G' は同型であるといって，$G \cong G'$ で表わす．

　ベクトル空間と群との構造の違いは，同型の意味している内容の違いに端的に表わされている．ベクトル空間のときには，2つのベクトル空間 V と V' が同型かどうかは，お互いの次元だけを調べればよかった．$\dim V = \dim V'$ のとき，またそのときに限って V と V' は同型なのである．しかし群のときには，元の個数が有限個の場合——有限群の場合——に限っても，元の個数だけで群の構造が決まるとは限らない．群の方は一般には，演算が可換ではないということもあって，構造がはるかに複雑なのである．

　♣　念のため，元の個数が $2, 3, 4, 5, 6, 7, 8$ の場合に，同型な群は同じと考えたとき，どのような群があるかを書いておこう．

　元の個数が $p = 2, 3, 5, 7$（素数）の群は巡回群であって，それは $\{e, g, g^2, \cdots, g^{p-1}\}$ $(g^p = e)$ で与えられる．

　元の個数が4の群は巡回群か，置換群 $\{1, (1\ 2)(3\ 4), (1\ 3)(2\ 4), (1\ 4)(2\ 3)\}$ である．

　元の個数が6の群は巡回群か，3次の対称群 S_3 である．

　元の個数が8の群は5個あり，そのうち3つが可換群である（志賀『群論への30講』（朝倉書店）参照）．

　したがって第4週，火曜日に線形写像の基本定理として述べた結果 "$V = U \oplus \text{Ker}\,\varphi$ と分解され，φ は U から $\text{Im}\,\varphi$ への同型写像となる" に対応することは，群の場合には次のような形に変わってくる．

> **定理** φ を G から G' への準同型写像とし，$H = \mathrm{Ker}\,\varphi$ とおく．このとき φ は同型対応
> $$\tilde{\varphi} : G/H \cong \mathrm{Im}\,\varphi$$
> を導く．

これを群の**準同型定理**という．

この定理に述べてあること，とくに G/H について説明しておこう．

一般に群 G の正規部分群 N があったとき，G と N から新しい群——商群——G/N が生まれてくる．それは次のような考えに基づいてつくられる群である．

まず G の元 g を1つとったとき，gn ($n \in N$) という元全体のつくる G の部分集合を
$$gN = \{gn \mid n \in N\}$$
と表わす．g と g' を G の2つの元とすると

　　gN と $g'N$ は完全に一致しているか

　　1つも共通の元がないか

のいずれかである．なぜなら，もし gN と $g'N$ に共通な元が1つあってそれを $gn = g'n'$ とすると $g = g'n'n^{-1} \in g'N$ となり，したがって $gN \subset g'N$ となる．同じように $g'N \subset gN$ もいえるから，結局 $gN = g'N$ となって完全に一致してしまうからである．

したがって異なる gN ($g \in G$) は，完全に分離しているから，1つの"もの"と考えることができる．たとえていえばある町 G で，それぞれの人 g を考えていたが，こんどは，g のいる家族 gN を1つの対象と考えるようなことである．考える対象が，個々の人——G の元——から，家族——G の部分集合——へと変わったのである．この"もの"の集り $\{gN\}$ の相互の積を
$$gN \cdot g_1N = gg_1N$$
と定義することができる．定義することができるといっても，確かめなければならないことは，この定義は gN, g_1N という"家族"だけで決まって，家族から選んだ代表者 g, g_1 にはよらないというこ

とである．それをみるために，たとえば"家族" gN から別の代表者 $\tilde{g}=gn$ を選んだとしよう．このとき上の定義にしたがえば
$$\tilde{g}N \cdot g_1 N = \tilde{g}g_1 N = gng_1 N$$
となるが，N は正規部分群だから
$$\tilde{n} = g_1^{-1} n g_1 \in N$$
が成り立つことに注意すると，この右辺は
$$gng_1 N = gg_1 g_1^{-1} n g_1 N = gg_1 \tilde{n} N$$
$$\in gg_1 N \quad (N \text{は部分群なので} \tilde{n}N \subset N)$$
が成り立つことになる．このことは
$$\tilde{g}g_1 N = gg_1 N$$
のことを示している．

このように "もの" の集り $\{gN\}$ に積を定義すると

  単位元：N

  gN の逆元：$g^{-1}N$

となって，群の構造が入るのである．このようにして得られた群を G/N と表わし，G の N による**商群**という．

商群の定義がわかると，準同型定理はすぐに導くことができる．いま $\varphi : G \to G'$ を準同型写像とし，$\operatorname{Ker}\varphi = H$ とおく．H は正規部分群で，したがって商群 G/H を考えることができる．$\operatorname{Im}\varphi$ から g' を1つとり，$\varphi(g)=g'$ とすると，g' の逆像，すなわち φ により g' に移される元全体は，ちょうど gH になっている：
$$\varphi^{-1}(g') = gH$$
実際，$\tilde{g} \in \varphi^{-1}(g')$ とすると，$\varphi(\tilde{g})=g'$．したがって $\varphi(\tilde{g})=\varphi(g)$ となって，これから $\varphi(\tilde{g})\varphi(g)^{-1}=\varphi(\tilde{g}g^{-1})=e'$，$\tilde{g}g^{-1}\in H$，$\tilde{g}\in gH$ がわかる．

したがって，$\operatorname{Im}\varphi$ の各元 g' にちょうど1つの gH が対応している．そこで $\tilde{\varphi}(gH)=g'$ とおくと，$\tilde{\varphi}$ は G/H から $\operatorname{Im}\varphi$ の上への1対1写像となっており，また $\varphi(ghg_1\tilde{h})=\varphi(g)\varphi(h)\varphi(g_1)\varphi(\tilde{h})=\varphi(g)\varphi(g_1)$ $(h, \tilde{h}\in H)$ により
$$\tilde{\varphi}(gH \cdot g_1 H) = \tilde{\varphi}(gH)\tilde{\varphi}(g_1 H)$$
が成り立つこともわかる．したがって $\tilde{\varphi}$ は G/H から $\operatorname{Im}\varphi$ への同

型写像となっている．これで準同型定理が証明された．

　群 G が体 K 上の方程式 $f(x)=0$ のガロア群のときは，K と $K(x_1, x_2, \cdots, x_n)$ の中間体となっているガロア拡大体 $\varLambda$ に対し，$\varLambda$ の元をとめる G の元が正規部分群 H をつくって，商群 G/H が $\varLambda$ の K 上のガロア群を与えているのであった．準同型定理によると，それは $K(x_1, x_2, \cdots, x_n)$ のガロア群から，$\varLambda$ のガロア群への準同型写像によって導かれたものであると考えることもできるのである．

組 成 列

　G を有限群とする．このとき G の中に $G \supsetneqq H \supsetneqq \{e\}$ をみたすような正規部分群 H が1つも存在しないときに，G を**単純群**という．

　G が単純群でなければ，$G \supsetneqq H \supsetneqq \{e\}$ をみたす正規部分群 H があるが，このような正規部分群の中で，もうそれ以上，大きな正規部分群といえば G 自身になってしまうものが必ず存在する（元の個数が一番大きい正規部分群をとるとよい）．それを H_1 とする．すなわち H_1 は

$$G \supsetneqq H_1 \supsetneqq \{e\}$$

をみたす G の正規部分群で，$G \supsetneqq \tilde{H} \supsetneqq H_1$ となるような正規部分群 $\tilde{H}$ は存在しないようなものである．このとき G/H_1 は単純群となる．

　次に

$$G \supset H_1 \supset \{e\}$$

に注目する．もし H_1 自身がまだ単純群でなければ，H_1 の中に，もうそれ以上大きくできないような（H_1 の）正規部分群 H_2 があって，H_1/H_2 は単純群となる．

　次には

$$G \supset H_1 \supset H_2 \supset \{e\}$$

に注目する．H_2 が単純群でなければ同じように（H_2 の）正規部分群 H_3 で，H_2/H_3 が単純群となるものがある．

　この操作を繰り返していくと，G の中に

$$G \supset H_1 \supset H_2 \supset \cdots \supset H_i \supset H_{i+1} \supset \cdots \supset H_t = \{e\} \quad (*)$$

という系列があって

(ⅰ) H_{i+1} は H_i の正規部分群

(ⅱ) H_i/H_{i+1} は単純群

という性質をみたすものが存在することがわかる．このとき，この系列 $(*)$ を G の**組成列**という．

2次の対称群 S_2 は2つの元からなる単純群で組成列は $S_2 \supset \{e\}$ であるが，3次の対称群 S_3 の組成列は

$$S_3 \supset A_3 \supset \{e\}$$

であって，S_3/A_3 は元の数が2の巡回群，A_3 は元の数が3の巡回群である．

4次の対称群 S_4 の組成列は

$$S_4 \supset A_4 \supset H \supset K \supset \{e\}$$

である．ここで A_4 は交代群，

$$H = \{1, (1\ 2)(3\ 4), (1\ 3)(2\ 4), (1\ 4)(2\ 3)\}$$
$$K = \{1, (1\ 2)(3\ 4)\}$$

であって，$S_4/A_4, A_4/H, H/K, K$ はそれぞれ元の数が $2, 3, 2, 2$ の巡回群である．

金曜日の"お茶の時間"を参照してみると，この S_3, S_4 の組成列に現われる群の元の数 $2, 3$ と $2, 3, 2, 2$ はちょうど3次方程式，4次方程式を解くときに添加するベキ根のベキの値になっている．方程式の解法と組成列とは，何と親しそうに互いに寄り合っていることか．

n 次 ($n \geqq 5$) の対称群 S_n の組成列は

$$S_n \supset A_n \supset \{e\}$$

である．$n \geqq 5$ のとき A_n は単純群であり，組成列で見る限り，S_3, S_4 だけがむしろ例外的である！

一般に，有限群 G の組成列 $(*)$ で，とくに各 H_i/H_{i+1} が元の数が素数であるような巡回群——したがって $\{e, g, g^2, \cdots, g^{p-1}\}$ (p: 素数, $g^p = e$) と表わされる群——となるとき，G を**可解群**という．S_2, S_3, S_4 は可解群であり，$n \geqq 5$ のとき S_5 は可解群ではない．

可解群とよばれるのは，実は土曜日の"先生との対話"の最後で述べたガロアの定理を見ると，ガロアの定理は次のようにいってもよいことによるからである．

> **ガロアの定理**　K 上の既約な方程式 $f(x)=0$ が代数的に解けるための必要十分条件は，$f(x)$ のガロア群 G が可解群となることである．

次数の低い方から，順に2次方程式，3次方程式と解の公式を求めていくと，5次方程式に解の公式が見つからないということは実に不思議なことであったが，すべての次数の方程式を一度に統括して見るという立場に立ってみると，2次，3次，4次の方程式に解の公式があったということは，この場合にだけ生ずる対称群 S_n の例外的な状況によっていたのである．

問題の解答

月曜日

[1] $f(x)$ が実係数の整式とすると，複素数 z に対して
$$\overline{f(z)} = f(\bar{z})$$
が成り立つ．したがって $f(\alpha)=0$ ならば
$$\overline{f(\alpha)} = f(\bar{\alpha}) = 0$$
となり，$\bar{\alpha}$ も解となる．

[2] (1) $x_1{}^2 + x_2{}^2 = (x_1+x_2)^2 - 2x_1x_2 = \sigma_1{}^2 - 2\sigma_2$. したがって $x_1{}^4+x_2{}^4 = (x_1{}^2+x_2{}^2)^2 - 2x_1{}^2x_2{}^2 = (\sigma_1{}^2-2\sigma_2)^2 - 2\sigma_2{}^2 = \sigma_1{}^4 - 4\sigma_1{}^2\sigma_2 + 2\sigma_2{}^2$

(2) $x_1{}^2 + x_2{}^2 + x_3{}^2 = (x_1+x_2+x_3)^2 - 2(x_1x_2+x_1x_3+x_2x_3) = \sigma_1{}^2 - 2\sigma_2$
したがって

$$x_1{}^3 + x_2{}^3 + x_3{}^3 - 3x_1x_2x_3 = (x_1+x_2+x_3)(x_1{}^2+x_2{}^2+x_3{}^2) - x_1x_2(x_1+x_2)$$
$$\qquad - x_1x_3(x_1+x_3) - x_2x_3(x_2+x_3) - 3x_1x_2x_3$$
$$= (x_1+x_2+x_3)\{(x_1{}^2+x_2{}^2+x_3{}^2) - (x_1x_2+x_1x_3+x_2x_3)\}$$
$$= \sigma_1(\sigma_1{}^2 - 2\sigma_2 - \sigma_2) = \sigma_1(\sigma_1{}^2 - 3\sigma_2)$$

[3] $P = \prod_{i<j}(x_i - x_j)$ で x_k と x_l ($k<l$) をとりかえたときのようすをみる．そのため因数 $x_i - x_j$ ($i<j$) を簡単のため $(i\ j)$ と書き，P を下のように図式化して表わす．

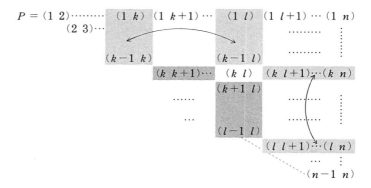

x_k と x_l を入れかえると，$\longleftrightarrow$ のところでは因数の入れかえが生じている．濃いカゲのところでは $k<s<l$ で，x_k-x_s が x_l-x_s に，x_s-x_l が x_s-x_k にかわるが，因数の積を対としてとると $(x_k-x_s)(x_s-x_l)$ が $(x_l-x_s)(x_s-x_k)$ $= (x_s-x_l)(x_k-x_s)$ へとかわっただけなので，P に変化を与えない．

結局，x_k-x_l が $x_l-x_k = -(x_k-x_l)$ となるところだけが，x_k と x_l のとりかえで P に実質的な変化を与えている．したがって
$$P(x_1,\cdots,x_k,\cdots,x_l,\cdots,x_n) = -P(x_1,\cdots,x_l,\cdots,x_k,\cdots,x_n)$$
となり，P は交代式である．

［4］交代式 $f(x_1,x_2,\cdots,x_n)$ は差積 $P(x_1,x_2,\cdots,x_n)$ で割りきれるから $f(x_1,x_2,\cdots,x_n)=\varphi(x_1,x_2,\cdots,x_n)P(x_1,x_2,\cdots,x_n)$ とおくことができる．ここで x_k と x_l を入れかえてみると $f\to -f$，$P\to -P$ となり，したがって f と P の符号変化は消し合う．したがって
$$\varphi(x_1,\cdots,x_l,\cdots,x_k,\cdots,x_n) = \varphi(x_1,\cdots,x_k,\cdots,x_l,\cdots,x_n)$$
が成り立つことがわかる．

［5］x_1,x_2,x_3,x_4 を入れかえると，列が入れかわって，行列式の基本性質から符号が変わる．したがってこの行列式は交代式であり，対称式×差積の形となる．x_1 の最大次数は 3 次であり，その係数は 1．このことからこの対称式は定数 1 であり，行列式は差積と一致していることがわかる．

火曜日

［1］たとえば $\alpha=\sqrt[3]{A}+\sqrt[3]{B}$，$\beta=\omega\sqrt[3]{A}+\omega^2\sqrt[3]{B}$，$\gamma=\omega^2\sqrt[3]{A}+\omega\sqrt[3]{B}$ としてみると，$1+\omega+\omega^2=0$ に注意して
$$\frac{1}{3}(\alpha+\omega\beta+\omega^2\gamma) = \sqrt[3]{B}$$
となる．

［2］x の代りに $x-2$ をおくと方程式は
$$x^3-9x+28 = 0$$
となる．カルダーノの公式からこの解の 1 つは
$$\sqrt[3]{-14+13}+\sqrt[3]{-14-13} \qquad (=\sqrt[3]{A}+\sqrt[3]{B} \text{ とおく})$$
となり，したがって原方程式の解は
$$2+\sqrt[3]{A}+\sqrt[3]{B},\ 2+\omega\sqrt[3]{A}+\omega^2\sqrt[3]{B},\ 2+\omega^2\sqrt[3]{A}+\omega\sqrt[3]{B}$$
となる．

［3］3 つの解は
$$-1.2017,\ 1.3300,\ -3.1284$$

［4］この分解 3 次方程式は
$$y^3+3y^2+8y-12 = 0$$
となり，この 1 つの解は $y=1$ で与えられる．したがってフェラリの解法

を適用すると，もとの4次方程式は
$$\left(x^2+\frac{1}{2}\right)^2 = \frac{1}{4}(4x-3)^2$$
となる．したがって
$$x^2+\frac{1}{2} = \pm\frac{1}{2}(4x-3)$$
これを解くことによって，4次方程式の解が
$$-1\pm i,\ -1\pm\sqrt{2}$$
で与えられることがわかる．

[5] $y=x^2+x$ とおくと，4次方程式は
$$y^2+2y+3=0$$
となる．この解は $y=-1\pm\sqrt{2}\,i$. $x^2+x=-1\pm\sqrt{2}\,i$ を解いて4次方程式の解
$$\frac{-1\pm\sqrt{-3\pm4\sqrt{2}\,i}}{2}$$
が得られる．

水曜日

[1] $f(x)=(x-\alpha)^\mu Q(x)$ と表わす．ここで $\mu\geqq 1$, $Q(\alpha)\neq 0$. このとき $f'(x)=(x-\alpha)^{\mu-1}\{\mu Q(x)+(x-\alpha)Q'(x)\}$. したがって，$\alpha$ が重解 $\iff \mu\geqq 2 \iff f(\alpha)=0,\ f'(\alpha)=0$.

[2] $f(x), g(x)$ の最大公約元を $k(x)$ とすると，
$$\bar{u}f+\bar{v}g = k$$
となる整式 $\bar{u}, \bar{v}$ が存在する．k と h は互いに素だから
$$u'k+v'h = 1$$
となる整式 u', v' が存在する．したがって
$$(\bar{u}u')f+(\bar{v}u')g+v'h = 1$$
となる．

[3] $x^4+3x^3+3x^2-5$ が整数係数の2つの因数にわかれないことを示すとよい．もし1次の因数 $x-A$ があるとすると，剰余定理から $A^4+3A^3+3A^2-5=0$ となるはずである．ところが $A=3n, 3n+1, 3n+2$ の場合にわけて考えるとこの左辺は決して3で割れないことがわかる．したがって1次の因数は存在しない．

したがって，どのように整数 a,b,c,d をとっても
$$x^4+3x^3+3x^2-5 = (x^2+ax+b)(x^2+cx+d)$$
と分解されないことを示すとよい．係数を比較して $a+c=3$, $ac+b+d=3$, $ad+bc=0$, $bd=-5$. 最後の式から $b=5, d=-1, b=-5, d=1$ (および b,d をとりかえたもの)がわかる．このことからこの4式をみたす整数 a,b,c,d が存在しないことがすぐに導ける．

木曜日

[1] $X^5+A_1X^4+\cdots = \left(x-\dfrac{A_1}{5}\right)^5 + A_1\left(x-\dfrac{A_1}{5}\right)^4+\cdots$
$ = x^5-5\dfrac{A_1}{5}x^4+A_1x^4+(x\text{ の3次式})$
$ = x^5+(x\text{ の3次式})$

[2] (1) $s_1 = \sum x_i = 0$, $s_2 = (\sum x_i)^2 - 2\sum_{i<j} x_i x_j = -2a_2$.

(2) ヒントを使う．

[3] (1) $\sum y_i = \sum x_i^2 + p\sum x_i + 5q = -2a_2+5q$. したがって $q=\dfrac{2}{5}a_2$ にとると $\sum y_i = 0$ となる．

(2) $\sum y_i^2 = \sum(x_i^2+px_i+q)^2 = \sum x_i^4 + 2p\sum x_i^3 + (p^2+2q)\sum x_i^2 + 2pq\times \sum x_i + q^2$ を使う．

(3) (2)の右辺に問題[2]の結果を使う．

(4) $\sum y_i = \sum y_i^2 = 0$ から $\sum_{i<j} y_i y_j = \dfrac{1}{2}\{(\sum y_i)^2 - \sum y_i^2\} = 0$ となり，解と係数の関係から，y^4, y^3 の係数は0となる．

[4] $t^4 = a$ となるように t をとると
$$x^5+ax+b = t^5 y^5 + aty+b = t^5 y^5 + t^5 y + b = 0$$
$c=\dfrac{b}{t^5}$ とおくと $y^5+y+c=0$ となる．

金曜日

[1] $\tau = \begin{pmatrix} 1 & 2 & \cdots & n \\ i_1 & i_2 & \cdots & i_n \end{pmatrix}$ が2通りに互換の積として
$$\tau = (j_1\ j_2)\cdots(j_{s-1}\ j_s), \quad \tau = (k_1\ k_2)\cdots(k_{t-1}\ k_t)$$
と表わされたとする．このとき n 個の文字の差積を P とし，119頁の議論を参照すると
$$\tau P = (-1)^s P = (-1)^t P$$
となることがわかる．このことから s と t は，同時に偶数か，同時に奇数となることが結論される．

[2] 偶置換の集合を A_n, 奇置換の集合を B_n とすると, $\tau \in A_n$ に対し $(1\ 2)\tau \in B_n$ を対応させる対応は1対1である.この逆写像は $\kappa \in B_n$ に対し $(1\ 2)\kappa \in A_n$ を対応させる対応である.したがって A_n と B_n の個数は等しい.

土曜日

[1](1) $x^4-5x^2+6=(x^2-2)(x^2-3)=0$ の解は $\pm\sqrt{2}, \pm\sqrt{3}$.

(3) (2)から $\sqrt{2}, \sqrt{3} \in \mathbf{Q}(\sqrt{2}+\sqrt{3})$.したがって $\mathbf{Q}(\sqrt{2}, \sqrt{3}) \subset \mathbf{Q}(\sqrt{2}+\sqrt{3})$.$\mathbf{Q}(\sqrt{2}, \sqrt{3}) \supset \mathbf{Q}(\sqrt{2}+\sqrt{3})$ は明らかだから $\mathbf{Q}(\sqrt{2}, \sqrt{3}) = \mathbf{Q}(\sqrt{2}+\sqrt{3})$ が成り立つ.

(4) アイゼンシュタインの定理により,$x^4-10x^2+1=0$ は既約な方程式であり,この解は $x^2 = 5 \pm \sqrt{24} = (\sqrt{2} \pm \sqrt{3})^2$ により $x = \pm(\sqrt{2} \pm \sqrt{3})$ となる.

(5) $a = \sqrt{2}+\sqrt{3}$ とすると対応
$g_1(a) = a,\ g_2(a) = \sqrt{2}-\sqrt{3},\ g_3(a) = -\sqrt{2}+\sqrt{3},\ g_4(a) = -\sqrt{2}-\sqrt{3}$
がガロア群 G を与える.$g_2{}^2 = g_3{}^2 = g_4{}^2 = g_1(=e)$ はこれからも確かめられるが

$$\sqrt{2} \xrightarrow{g_2} \sqrt{2}, \quad \sqrt{2} \xrightarrow{g_3} -\sqrt{2}, \quad \sqrt{2} \xrightarrow{g_4} -\sqrt{2}$$

$$\sqrt{3} \xrightarrow{g_2} -\sqrt{3}, \quad \sqrt{3} \xrightarrow{g_3} \sqrt{3}, \quad \sqrt{3} \xrightarrow{g_4} -\sqrt{3}$$

からもわかる.

(6) (5)の解で示した $\sqrt{2}, \sqrt{3}$ へのガロア群の働きからわかる.

[2](1) $x^4+1=0$ は $\mathbf{Q}$ 上既約な多項式だから,ガロア群は,$\rho \to \rho$,$\rho \to \rho^3$,$\rho \to \rho^5$,$\rho \to \rho^7$ から導かれる.$\rho^8=1$ に注意するとたとえば $\rho \to \rho^3$ は,$x_1 \to x_2,\ x_2(=\rho^3) \to x_1(=\rho^9),\ x_3(=\rho^5) \to x_4(=\rho^{15}),\ x_4(=\rho^7) \to x_3(=\rho^{21})$ の置換を引き起こす.すなわち解の置換 $(x_1\ x_2)(x_3\ x_4)$ として表わされる.

(2) 問題[1](4)の $(x_3\ x_4), (x_1\ x_2), (x_1\ x_3)(x_2\ x_4)$ に順に $(x_1\ x_2)(x_3\ x_4), (x_1\ x_3)(x_2\ x_4), (x_1\ x_4)(x_2\ x_3)$ を対応させてみると2つのガロア群が同型であることがわかる.

[3] $x^4-1=0$ の最小分解体は $\mathbf{Q}(i)$,i の $\mathbf{Q}$ 上の最小多項式は $x^2+1=0$.ガロア群は $i \to i$,$i \to -i$ から得られる.

索　引

あ 行

アーベル　　47, 49, 70, 84, 97, 98, 99, 100, 101, 104, 128, 134, 138, 139, 158
アーベルの既約定理　　84
アーベルの補助定理　　83
アーベル方程式　　105
アイゼンシュタイン　　70
アイゼンシュタインの定理　　69
アドリアン・ファン・ルーメン　　22
アナクサゴラス　　71
アリストファネス　　71
アル・ファリズミー　　18
アントニア・マリア・フィオレ　　44
移項　　3
1次方程式　　3
因数分解　　6, 29, 54, 55, 58
ヴァンデルモンド　　125
ヴィエタ　　22, 46, 50
ウェーバー　　100, 170
n次方程式　　5
エルミート　　72
エルランゲン・プログラム　　170
円周率　　63, 71
円の平方化　　71
円分多項式　　73
円分方程式　　104
オイラー　　26, 44, 72, 98
オイラーの解法　　42, 44

か 行

解　　3, 6
解と係数の関係　　8, 110, 118
解の公式
　　2次方程式の——　　4
　　4次方程式の——　　44
ガウス　　70
ガウスの補助定理　　67
可換群　　178
可換性　　105
核　　172
角の3等分の問題　　48
可約　　58
カルダーノ　　44, 45, 47, 125
カルダーノの解法　　27, 135
カルダーノの公式　　29, 30, 31, 32, 33, 124
ガロア　　49, 99, 101, 138, 139, 144, 157, 158, 160, 170
ガロア拡大体　　162, 163
ガロア群　　139, 149, 151, 152, 153, 154
ガロアの定理　　165, 179
ガロア理論　　82, 102, 138, 139, 155
ガロア理論の基本定理　　156
関係式　　3
還元不能の場合　　34
カントル　　72
奇数次の方程式　　92
記数法　　16
奇置換　　116
基本対称式　　11, 108
既約　　58
逆元
　　群の——　　111
　　置換の——　　112
共役な元　　152
共役な原始要素　　147
偶置換　　116
クライン　　170
クレルレ　　98
クレルレ誌　　84
クロネッカー　　82, 97, 105, 138, 139, 170
群　　111, 171
　　——の乗法　　111
K上で定義された整式　　58
原始要素　　143, 145
原論　　19

合成写像　112
交代群　117
交代式　20
恒等置換　112
コーシー　99, 128, 158, 170
互換　114
互換の積　115
5次方程式　96
5次方程式の代数的解法の不可能性
　　　96, 134, 167
古代ギリシャ　17
ゴルドバッハ　78
根　6

さ 行

最小多項式　64
最小分解体　140, 141
最大公約元　61
差積　21, 119
3次方程式の解法　27, 29, 122
　　　還元不能な場合の――　34
3倍角の公式　35
シェーネマン　70
ジェラール　46, 104
辞書式順序　13
自然対数の底　63
実数体　57
重解　6, 15
重根　6
重複度　6
巡回群　165
巡回置換　114
準同型写像　172
準同型定理　175
商群　176
剰余定理　20
ジョルダン　170
スキピオネ・デル・フェロ　44
正規部分群　164, 173
整式　11, 58
積
　　群の――　111
　　置換の――　112, 128
0の発見　17

線分演算　18
像　172
素元分解　59
　　――の一意性　59, 62, 75
組成列　178

た 行

体　56
　αを添加して得られる――　57
　　――の拡大　88, 110, 111
　　――の自己同型写像　147
　　文字を添加した――　88
対称群　113
対称式　11
対称式の基本定理　13
代数学の基本定理　6
代数的拡大　141
代数的数　63, 140
　　体 K 上の――　64
代数的に解ける　87
代数的に解ける条件　165
代数方程式　5
楕円関数　99
互いに素　61
多項式　11
タルタリア　44, 45
単位元
　　群の――　111
　　置換の――　112
単項式　11
単純群　173
置換　10, 109, 112
置換群　154
置換の記号　11
置換の積　111, 128
超越拡大　141
超越数　63, 72
重複度　6
チルンハウゼンの変換　103
デーゲン　98
デカルトの解法　40
同型　174
ド・モアブル　51

な行

2次方程式　4
ニュートン　50
ネーター　75
濃度　72

は行

バビロニア　16
バビロニア人　16, 17
パリ論文　99
ハンステン　98
判別式　15, 120
　　3次方程式の——　16, 31
　　2次方程式の——　16
　　分解3次方程式の——　39
　　4次方程式の——　16, 39
フーリエ　158
フェラリ　45, 47
フェラリの解法　37, 38, 126, 135
フォン・ディック　170
複素数　6
複素数体　57
部分群　117
ブリング　104
ブリング-ジェラールの形　104
分解3次方程式　38, 39
分解方程式　40, 43
ベクトル空間　171
ベル　17
ベルヌーイ　78
ポアッソン　98, 159
方程式　6

体 K 上の——　63
ホルンボー　97

ま行

未知数　3, 5
ミッタグ・レフラー　99
メソポタミヤ　16
文字　9, 127
文字を添加した体　88

や行

ヤコビ　99
ユークリッドの互除法　60
有理数体　57
4次方程式　37, 40, 42
4次方程式の解法　37, 40, 42

ら行

ライプニッツ　51
ラグランジュ　97, 98, 122, 125, 126, 127, 139, 144, 157, 170
ラグランジュの解法　124
ラクロア　98
ランベルト　71
リシャール　158
リゾルベント　146
リューヴィユ　72, 76, 78, 79, 101, 138
リューヴィユの超越数　76
リンデマン　71, 72
ルジャンドル　72, 157
ルフィニ　97, 127, 128, 134, 170
60進法　16

■岩波オンデマンドブックス■

数学が育っていく物語 第5週
方程式──解ける鎖, 解けない鎖

```
1994 年 8 月 8 日   第 1 刷発行
2000 年 6 月26日   第 6 刷発行
2018 年 9 月11日   オンデマンド版発行
```

著　者　　志賀浩二
　　　　　（しがこうじ）

発行者　　岡本　厚

発行所　　株式会社　岩波書店
　　　　　〒101-8002　東京都千代田区一ツ橋2-5-5
　　　　　電話案内　03-5210-4000
　　　　　http://www.iwanami.co.jp/

印刷／製本・法令印刷

© Koji Shiga 2018
ISBN 978-4-00-730812-3　　Printed in Japan